KB003301

꿀벌과 양봉

꿀벌에 대한 모든 것

장영덕, 정헌관, 이창수, 박상구 **지음**

CONTENTS

머리말

우리나라의 양봉산업 기술은 약 2천년전(BC58-12) 고구려 동명성왕시대에 동양종 계통벌인 인도종이 중국을 거쳐 들어와 정착된 이래, 백제의 태자 여풍은 그 기술을 일본에까지 전수하였다고 한다 (일본서기, 720년). 한편 서양종 계통 벌은 양봉의 선구자 이셨던 봉파 윤신영 (1880 ~ 19??) 선생과 소정 이근영 (1882~1943) 선생의 활약으로 새로운 전기가 시작되었는데 즉 조선 27대 순종의 황후이신 윤비의 친정아버지 (윤택형)와는 8촌 사이인 봉파선생은 일찍이 독일에서 8년간 유학생활을 마치고 1910년 귀국 시 양봉에 관한 기술도 함께 들여온 것으로 기록되고 있다. 이와 같은 시기에 Kügelegen (구걸근) 신부는 선교차 독일에 들려 일본을 거쳐 재입국 당시에 이탈리안종벌과 카니올란종벌을 들여와 기술을 발전시켜 만주지역 지방까지 전파시켰던 것으로 알려져 있다. 이 시기에 봉파선생은 양봉기술 전파에 힘을 기울여 우리나라 최초의 양봉전문서인 "실험양봉" (서윤관) 122쪽의 책을 출판하게 되었다 (1917년). 한편 소정 선생은 그의 부친이신 이현주공 (정이품)이 경주 부윤 (현 시장직)으로 재직 시 조선 26대 고종황제의 비이신 민비시절 도산서원 사건에 연루되어 어려움을 당하자 그는 다니던 법관양성소 (현 서울대 법대전신)를 그만두고 고향인 달성으로 낙향하여 양봉기술을 비롯한 농촌부흥운동에 적극 활동하면서 1918년 "양봉신편"이란 책자를 남겨 귀중한 양봉문헌으로 전해지고 있다. 그는 일본의 양봉을 대표하는 다케다 (1880)와 야오야나기 (1903) 씨 등의 영향을 받은 것으로 보이며 그 후에는 협성학원을 설립하는 등 교육사업에 크게 기여한 것으로 기록되고 있다. 이후 고영호 (고려양봉원 대표) 선생은 우리나라 양봉의 행정을 담당하는 농림부 양봉계장 직을 수행함과 동시에 양봉 관련 기구를 전국에 생산 보급하는 사업을 발전시켰으며, 1962년에는 "양봉종전" (영윤사) 이라는 단행본을 출판하기도 하였다. 같은 대구출신인 신장환 (동아양봉원 대표)원장은 종봉사업에 심혈을 기울여 1986년에는 캐나다 온타리오대학으로부터 아나톨리안종과 카니올란종을 도입하기도 하였다 이러한 종봉사업은 1962년 축산시험장에서 그리고 1987년에도 서울대 최승윤교수와 강원농원 이창수 대표 등이 참여 미국 데이비스대학과의 종봉교류사업이 이루어진바 있다. 2010년 아시아대회를 부산에서, 세계양봉대회를 2014년

대전에서 개최하는 등 국제적 위상이 높아졌고 양봉 시장은 약 5,500억 원의 시장이 형성되고 있다. 즉 꿀벌사양군수 약 180만 통, 농가 수 약 2만 5000호, 평균 양봉농가당 평균 약 80통 이상을 사양하고 있는 실정이다. 그러나 평균 통당 벌꿀 생산량은 아직도 20kg을 밑돌고 있을 뿐만 아니라 (베트남 60kg 등 대부분 30kg 이상 생산), 국토 단위면적당 (㎢) 사양군수는 21통으로 세계 최고의 밀도이다. (일본 0.5통, 뉴질랜드 1.2통) 모든 식물의 결실 특히 농작물 종류의 약 80%가 꿀벌들이 매개하여 식량의 조달이 가능한데 일찍이 아인슈타인 박사는 만약 지구상에서 꿀벌이 사라진다면 우리 인간도 5년이내에 생존이 어려울 것이라고 경고한 바 있다. 이와 같이 꿀벌은 우리의 주위를 둘러싸고 있는 자연생태계를 건강하게 유지시켜 줄 뿐만 아니라 이들이 가져다 주는 산물들은 천연산물 그 자체로서 이미 감리료로서의 벌꿀 생산 차원을 넘어 바이오 건강 산업으로 진입해 있고 이들 꿀벌과 공존하여 우리의 건강과 삶을 풍요롭게 해주는 5-6차 산업으로 발전되어 가고 있는 실정이다. 따라서 양봉산업 관련 행정, 교육, 검역, 연구 등 종합적인 시스템을 앞으로의 기후 변화에 대한 대처 방안에 기초하여 특히 제한된 밀원자원을 포함한 새로운 차원의 한세기를 바라보는 계획이 절실히 요구된다. 따라서 필자는 충남대 재직 당시의 양봉 관련 교육 및 연구자료들과 이후 한국농수산대학에서 9년간의 시간강사 기간 동안의 경험을 종합 정리함과 동시에, 이창수 회장의 (강원농원 대표 겸 한국양봉박물관 이사장) 70 평생의 현장 꿀벌관리 및 생산 유통사업에 이르기까지 다양한 지식과 경험 그리고 전 주 알제리 주재 KOPIA 소장인 박상구 박사는 논산지역의 친환경 딸기 재배와 화분매개 벌산업의 현장경험과 특히 아프리카 지역의 경험을 갖고 있으며 반면에 한국농수산대학에서 양봉학 설강으로 체계적인 복합영농인 양성을 위한 교과내용을 운영해온 서건식 박사 (현 교수부장)의 자문을 받아서 꿀벌을 공부하는 학생, 연구자, 양봉산업에 종사자들에게 조금이나마 도움이 될 수 있기를 바라며 책자를 출판키로 하였습니다. 필자들의 지식의 한계와 다 표현하지 못한 내용과 잘못 기술된 부분도 상당히 있음을 고백하면서 여러 양봉인 들의 충고와 조언을 바랍니다.

▪내용 중 그림, 사진, 삽화 등은 최대한 이해를 돕기 위해 색칠과 덧칠을 하였다.

▪밀원식물 편의 사진들을 저자들로부터 사전 허락을 받아 중요한 것들만 게재하였다.

- 한국양봉협회 - 한국밀원식물도감, 유장발 교수 (대구대), 정헌관 박사 (산림청)
- 농진청 (농과원) - 꿀벌이 좋아하는 꽃, 홍인표 박사 등
- 표준영농교본 - 양봉 - 이명렬, 이만영 박사 등 (농과원)

▪인공수정 편 - 필자가 대학원생 시절 스승이신 최승윤 교수 (서울대) 밑에서 어설프게 알았던 지식을 20여 년이 지나서 중국 길림성 양봉과학연구소 (소장 거풍첸)의 배려로 부소장인 쉐윤보 박사 (인공수정 최고의 달인)로부터 수차에 걸쳐 이론 및 직접 시범과 실습을 통해 얻은 지식들을 정리하여 기술하였다.

▪시종 모든 원고의 기획과 편집 정리 등을 맡아 처리해 주신 한국양봉박물관 이호랑 큐레이터에게 심심한 사의를 표합니다.

▪이 책자가 아름답게 출판될 수 있도록 세심한 배려를 해 주신 오성출판사 김중영 대표님께 사의를 표합니다.

2017. 2 저자일동

PART
01

꿀벌과 양봉

양봉산업의 역사

PART

01

양봉산업의 역사

01 양봉산업의 가치와 특수성

(1) 양봉산업의 가치

① 자연자원식물의 자원화 (밀원식물) – 밀원자원의 개발 및 묘목 생산에 의한 대량조림 산업 (약 200억 원)

② 양봉산물의 생산 및 가공 (자원의 밀원화) – 경제적 소득증대 (약 3,500억 원)

③ 감미료의 생산 (자급화) – 설탕대체 식생활개선 효과 (약 2,000억 원)

④ 영양보조제의 생산 (보건제) – 국민보건향상 (프로폴리스, 벌독 등) (약 1,500억 원)

⑤ 각종 바이오산업의 원료 생산 (기초공산품 및 화장품 원료, 식·의약품, 공업원료 등으로 제품 산업화) (약 300억 원)

⑥ 밀랍공예산업 (각종 인물, 건물 식물 등) – 모형 복원 및 전시

⑦ 각종 농작물의 간접적 생산효과 (화분매개) – 시설 하우스 내 화분매개벌의 계획수정 산업 (약 500억 원)

⑧ 체험양봉산업 (꿀벌 체험농장, 양봉박물관) – 계속증가추세

⑨ 양봉산업의 공익적 기능의 가치 – 약 6조원 (2017.정)으로 산림생태계 약 109조원의 5.5%에 해당

[요약] 약 1조 원에 가까운 직간접 생산 유통산업 및 생태계 보전 효과

(2) 양봉산업의 특수성

① 자연상태의 화밀과 화분은 양봉을 하지 않는 한 아깝게도 그대로 자연에서 허실된다.

② 꿀벌은 자기 스스로 식량을 자급자활, 스스로 청소하므로 타 가축 사양에 비하여 잔품이 적게 든다.

③ 계절적 사양형 산업으로 취미 또는 부업으로 실버세대의 건강증진 직업으로 적합하다.
④ 봉산품은 상상 이상으로 실질적 가치와 용도가 크며 생산품은 장기간 보존이 가능하며 타 농산물에 비하여 손실이 적은 편이다.
⑤ 양봉업은 단기간 내에 적은 자본으로 많은 수익과 투자금이 회수될 수 있다.
⑥ 꿀벌의 습성을 파악 및 이용 (근면, 유순)으로 꿀, 화분 등 수집을 최대화할 수 있으며 관리소홀 시에는 질병, 봉세감퇴, 도봉, 봉군도망 등이 발생할 수 있다.

02 양봉산업의 변천과 양봉학

양봉산업(Beekeeping)은 단순 자가영농부업에서 분화된 중소기업형 산업으로 발전
→ 산물별 기능성 식품산업으로 전환
① 과거 양봉산업 – 벌꿀 생산 위주
② 근년 양봉산업 – 로열젤리, 화분
③ 최근 양봉산업 – 프로폴리스, 벌독생산 등 고도의 가공 기술에 의한 기능성 산물의 대량생산 산업화

[요약] 종봉 및 화분매개벌 생산으로 계획수정 확립에 의한 임대양봉산업으로 전환

(1) 양봉산업분야

① 종봉생산산업 – 여왕벌 생산
② 밀원수재배산업 – 묘목 생산
③ 봉기구생산산업 – 벌통 및 관리기구, 사양기, 방제기구, 봉사 등
④ 봉산물 생산 및 가공판매 사업 – 벌꿀 등 2~3차 가공 및 기능성 식품, 공산품, 의약품
⑤ 질병 및 해적관리 약제 생산 및 판매산업 – 각종 질병 방제약제
⑥ 화분매개산업 – 전업 임대양봉

(2) 양봉학 (Bee science, Apiculture)의 여러 분야

① 꿀벌행동, 생리, 생태 – 꿀벌의 생리유전정보기술 집적으로 관리기술 최적화
② 꿀벌 관리기술 및 장비 – 성력화, 기계화 자동시스템화
③ 꿀벌질병학 – 방제약제, 질병 저항성 품종 개량
④ 밀원식물 및 화분매개 – 기능성 꿀, 프로폴리스, 농산물 증산, 건전종자 채종
⑤ 꿀벌 경제경영학 – 최적 꿀벌관리, 꿀벌산물 생산경영관리, 유통판매 및 홍보전략
⑥ 봉료 보건학 – 벌독 생산 이용으로 국민건강 관리 및 건강 향상

⑦ 양봉과 농촌지역 개발 – 특화지역 설정으로 농가 경제향상

03 세계의 양봉역사

1. 서양고대양봉(16세기까지) : 고착 소상식 벌통 시기

(1) 인류역사 이전부터 시작됨 (화석입증)

① 벌통사양 기록

- 동굴벽화 – (스페인) : 꿀 채취
- 고분벽화 – (이집트) : 꿀 수확
- 옹기벌통 – (그리스)
- 망태형벌통 – (북유럽) : 스위스 사원
- 통나무벌통 – (유럽)

(2) 그리스의 아리스토텔레스 (Bc 384~322)는 초자벌통을 제작하여 꿀벌의 생활생태를 연구했다는 기록

(3) 고대로마시대

① 널판지, 댓가지, 나무껍질, 통나무, 진흙 등을 이용하여 원형 또는 쟁반형 벌통으로 만들어 사용

② 합봉, 이동 합사방법 사용

③ 벌통의 내검, 소제, 훈연, 소충구제 실시

(4) 이집트시대

① 뗏목을 만들어 꽃이 많이 피는 지역을 찾아 꿀 채취 (이동양봉의 시초)

② 꿀 : 종교의식에 사용 (성직자)

③ 밀랍 : 사원의 등유, 시체의 미이라관 제작에 사용 (Mummification), 공예품 제작

<표1-1> 서양의 양봉역사

	1600년 까지	고착소상식 벌통시대
고대 양봉	고분벽화 -이집트 옹기벌통 -그리스 통나무벌통 -유럽 망태기형벌통 -북유럽	<인류역사 이전부터 (화석자료 입증)> ① 기원전 6,000년 원시인사회 ·벌꿀은 심한 기근에 생명을 구하는 음식 ·나무의 텅 빈 구멍 속, 바위의 틈바구니에서 꿀 채취 ·야생꿀벌을 안전하게 분봉시켜 지역에서 돌볼 수 있는 기술 확립 ·꿀벌을 다루는 동굴의 암각화 발견 (아프리카, 스페인 등) (벌꿀을 채취하는 장면 암각화 "스페인 동부 Bicorp 아라나 동굴벽화", BC 6,000년) ·야생벌꿀 사냥에서 주위의 각종 물건을 이용하여 벌을 키워 꿀을 생산 채취하는 기술 확립 ② 기원전 5000년 ·(중동지방)덥고 건조한 지역에 분봉시에 옹기로 된 벌통 사용 ·이집트, 지중해지역-진흙으로 만든 긴 원통형 벌통을 평지에 사용 ·벌집에서 꿀 수확하는 벽화발견 (이집트 상단지역 룩소Rekhmire 고분벽화, BC 1450년) ③ 기원전 300년 (석기시대) ·고대 그리스지방 - 옹기로 만든 벌집 사용 ④ 기원전 200년 ·유럽지역-쓰러진 통나무를 잘라서 속을 도끼로 파내고 벌집을 만들어 수직으로 세워서 사용 ·북부지역 - 여러가지 형태의 망태기형 벌집 사용 ⑤ 1500년대 ·스위스 베른세바스티아 대사원의 형상화, 1535 (보호장구를 갖춘 양봉인이 망태기형 벌집을 돌보는 장면)
	1600~1851년 까지	꿀벌의 전 세계로의 확산시기
		·구세계로부터 신세계로 확산 (유럽, 아프리카, 아시아 ⇨ 미국, 호주, 뉴질랜드) ·유럽벌종의 확산 ⇨ 미국 동부, 영국으로 (1622) 캘리포니아 (1852년이후) ⇨ 오리곤주 ⇨ 브리티쉬 콜롬비아(캐나다) ⇨ 프랑스 (1881~89)카라비안지방 ⇨ 영국 (1834) ⇨ 호주, 뉴질랜드에 최초 정착
		꿀벌에 대한 기초지식의 발견시대
		- do Torres(스페인, 1586) - 암놈인 여왕벌, 벌통 내 모든 벌들의 어미로서 산란 - C, Butler(영국, 1609) - 수벌은 중성이다 - R, Remnant(영국, 1637) - 일벌은 암놈이다 - P, Cesi(이태리, 1625) - 최초 현미경으로 꿀벌 묘사 - A, Janscha(슬로베니아, 1625) - 여왕벌이 수벌과 교미사실 확인 - Hormbostel(독일, 1744) - 밀랍 최초발견 ·꽃꿀분비확인 - 프랑스의 Vaillant, 1717년 (분비장소 = "mielliers") ·화분수집발견 - A, Dobbs, 아일랜드, 1750 ·화분매개에 의한 수정 사실 확인 - Sprengel, 1793 - F, Huber(1792) - "꿀벌의 새로운 관찰" ·초판 (제네바) : 현대양봉학의 원조라고 불림 ·2판 (영국)1808, 꿀벌에 대한 현미경적 지식, 사양관리, 여왕벌 취급 등에 관한 상세한 기술

		수직형벌통사양기술의 발달
고대 양봉	짚광주리식벌집 - wheler (영국, 1682) (그리스식) - 베트남식(1989)	· 짚광주리형 벌집에 가롯대형 소비 이용 - 안전한 꿀 채취, 관찰 등 · 1650~1850에 유럽에서 많은 영향 · 1806년 우크라이나의 prokopovich - 실질적인 가동소비 대량생산 사용 (10,000통) (한상자에 3개의 방을 가진 벌통) · 유사한 상잔식 벌통
	1851년 이후	라식벌통 사용시대 (광식가동소상식 벌통)
현대 양봉	<현대양봉의 시작> (1850~1900) - 북미, 유럽지역 이탈리안종벌, 코카시안벌, 카나올란벌 사양	· 라식벌통의 사용 일반화 (미국 1861) 1862~69년 : 프랑스, 이태리등 유럽으로 확산 · Mehring(독일, 1857) : 인공소초 개발 · Hruschka(오스트리아, 1865) : 채밀기 개발 · Quinby, Bingham(미국, 1875) : 실용훈연기 개발 · Root(미국, 1879) : 패키지벌 판매
	<현대양봉발전의 시기> (1900년 이후) 아시아지역 : 동양종 인도최소종, 인도최대종 사양	· Watson(미국, 1926) : 여왕벌 인공수정 장치 개발 · Root(미국, 1927) : 양봉사전 발간 · Dadant(미국, 1946) : 꿀벌과 벌통 (단행본)발행 · Frisch(오스트리아, 1973) : 꿀벌의 언어해독 (노벨 생리의학상 수상)

2. 근대양봉 (16세기이후) : 광식 가동 소상식 (라식벌통)사양시기 = Langstroth(1851)

(1) 꿀벌에 대한 과학적 지식의 성립시기

① Louis Mendz de Torres(1586, 스페인) – 여왕벌에 관한 첫 기록 출판

② Prince Cesi(1652, 이태리) – 최초로 현미경으로 꿀벌에 관하여 묘사 출판

③ Jan Swammerdam(1687, 오스트리아) – 여왕벌, 일벌, 수벌의 성을 해부학적 설명

④ Arthur Dobbs(1750, 영국) – 일벌이 수술에서 채취한 화분이 수정에 매우 중요함을 역설

⑤ F.Huber(1750~1831, 스위스) – 현대양봉학의 원조

ⓐ 꿀벌의 새로운 관찰 (1792) – 초판 (제네바)

ⓑ 꿀벌의 새로운 관찰 (1808) – 제2판 (영국)

ⓒ 꿀벌에 관한 현미경적 지식, 사양관리, 여왕벌 취급 등을 상세히 기록

⑥ Dzierzon(1811~1906, 독일) – 꿀벌의 처녀생식 (Parthenogenesis)학설 발견

"지어존설" 수정란 – 암컷인 여왕벌과 일벌탄생, 무정란 – 수벌만이 생산된다.

Munich대학에서 박사학위 수여, 독일은 물론 오스트리아, 스웨덴 등 여러 나라에서 훈장 받음

(2) 양봉기술의 확립과 발전시기

① Maraidi(1711, 프랑스) – 오늘날의 개량식 벌통인 단소비식 벌통개발 (천문학자)

② Huber(1789, 스위스) – 휴버식벌통 즉 "엽상식벌통" 개발로 근대식 벌통의 모체

③ Peter Prokovich(1806, 우크라이나) – 실질적인 가동소비 첫 선보임

④ Langstroth(1810~95, 미국) – "광식가동소상" 개발(라식벌통) = 현대 벌통의 원조

·1851년 : 벌의 소비간격이 8mm (1/4인치) 이상이면 충분히 활동할 수 있다는 사실을 증명

·1853년 : "On the hive and honey" 저서 출판

⑤ J.Mehring(1857, 독일) – 인공소초 개발 (나무판 사용), 후에 철사로 대체

⑥ Franz von Hruschka(1865, 오스트리아) – 원심력을 이용한 "채밀기" 개발

⑦ A.I.Root(1927, 미국) – ABC and XYZ of bee culture, 양봉사전 출판

⑧ C.Datant(1946, 미국) – The hive and the honey bee, 단행본 출판

⑨ Karl von Frisch(1886~1982, 오스트리아) – 동물행동학자, 꿀벌의 언어행동 연구로 노벨생리의학상수상(1973) : (원무, 꼬리춤)

3. 동양

(1) 고대 양봉 : 서양종벌 도입 이전 (*Apis cerana*)까지

(2) 근대 양봉 : 서양종벌 도입 이후 (*Apis mellifera*)

(3) 우수벌종의 이동분포 (서양종, *Apis mellifera*)

① 서양종벌은 1822년 호주를 비롯하여 남미(1839), 뉴질랜드(1842)를 거쳐 퍼져나감

② 1851년 현대식 라식벌통 보급에 따라 1920년에는 전 미주대륙에까지 분포됨

(4) 구미의 양봉산업

① 유럽지역 : 고전적, 취미, 부업, 기업의 형태로 발전

– 미국, 캐나다 : 대규모 임대양봉산업

– 호주, 뉴질랜드 브라질 : 대규모 기업형태로 발전 (기능성산물로 특화)

– 동구, 북구 : 고전적, 취미, 부업형태로 발전

② 북미지역 : 임대양봉 (화분매개)형태의 대규모 경영형태로 산업화

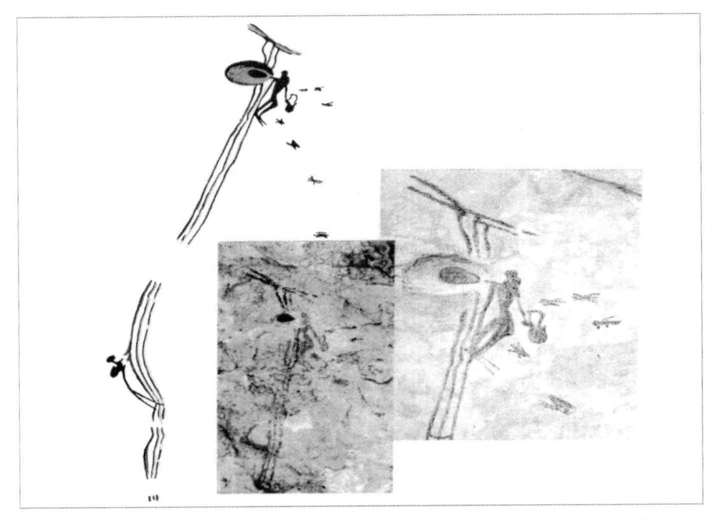

<그림1-1> BC 6,000년전 스페인의 벽화– 꿀 채취 광경

- 스페인 동부 비코르푸 아라나 동굴의 바위에서 꿀을 채취하고 있는 장면
- 기원전 약 6,000년경 중석기시대

<그림1-2> BC 3,000년경 이집트의 벽화 –"꿀 따는 모습"

벌집 (인도최대종, A dorsata)에서 꿀 따는 모습 후 중석기시대 바위 벽화 (인도 중부 RajatRrapat지방)

<그림1-3> Honeymoon (밀월)

고대 게르만 민족이 결혼 후 한 달 동안 꿀술을 마시며 즐기던 관습에서 유래됨

<그림1-4> 벌집에서 꿀 수확하는 장면

기원전 1450년 이집트 상단지역 룩소 서부제방의 Rekhmire고분벽화

<그림1-5> 기원전 300년 그리스 히페투스산 일대에서 사용한 옹기식 벌통

<그림1-6> 복면포를 입고 2개의 멍석벌통 앞에서 분봉시키는 모습(스위스 베른, 1535)

<그림1-7> 그리스에서 사용하던 초기 이동식 벌통

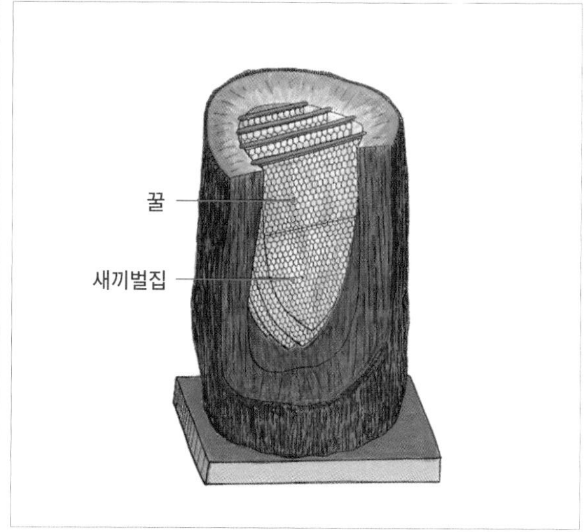

<그림1-8> 베트남식 이동식 벌통

<그림1-9> 통나무 벌통 봉장
- 미국 노스 캐롤라이나주

04 우리나라의 양봉역사

(1) 고대양봉 : 동양종꿀벌(*Apis cerana*) : 토종벌 도입시대

- 고구려 주몽시대 (BC 58–18) : 인도로부터 중국을 거쳐 들어옴
- 백제시대 (643년) : 양봉기술 일본에 보급전파 (일본서기, 720년)
  태자 여풍이 직접 꿀벌을 사양, 신라에 기술전수

- 삼국사기 : 목밀, 석밀채취기록
- 고려시대 : 사봉 즉 사찰의 중요한 자원

(2) 근대양봉 : 서양종꿀벌(*Apis mellifera*) 도입 이후

구한말 고종시대 : 봉파 윤신영(1910)과 Kügelgen(1917) 신부에 의해 독일에서 도입

(3) 현대양봉 : 1960년대 이후

주로 이탈리안벌 그리고 카니올란, 코카시안벌이 들어왔으나 현재는 모두 잡종화 됨

- 축산시험장(1963) - 캘리포니아 농업시험장으로부터 이탈리안벌 20마리 (여왕벌) 수입
- 동아양봉원(1968) - 캐나다 몬트리올대학 양봉학과에서 인공수정한 여왕
  (Anatolian종과 Carniolan 종을 각각 2마리씩 수입)

(4) 한국의 양봉황금시대 (1935년경)

사양군수 201,063 (재래종 82%, 개량종 18%)

05 우리나라의 양봉산업

(1) 양봉산업의 발전

황폐한 전란환경을 거치며 발전을 거듭하면서 최근의 사육벌통수는 약 186여만 통, 벌꿀 생산량 약 2만 4천톤, 양봉농가당 평균사육군수는 87.6통 (2012), 이중 약 58%가 이동양봉을 경영하고 있는데 아직 벌통당 생산량은 약 14kg정도로 매우 낮은 수준이 현실이다. 그러나 전 세계적으로 보면 각 분야에서 13~18위 수준으로 1960년대에 비하여 약 20배의 놀라운 발전을 가져왔다. 2010년 아시아양봉대회 (부산)를 개최했으며 2015년에는 제 44차 세계양봉대회 (APIMONDIA)를 대전에서 개최하였다.

(2) 양봉산업의 발전부진

① 전란으로 양봉산업 기반파괴 (1945년 해방, 1950~52년 전란)

② 양봉에 대한 인식부족 (꿀 = 약)

③ 종봉 생산 자급기술 낙후 (종봉육성 및 보존)

④ 밀원식물의 빈약 (아카시아에만 의존)

⑤ 국가시책 (행정, 연구, 시설, 검역, 교육)

06 현대 양봉산업 발전에 기여한 사건들

가동식 소비벌통	1851	Langstroth	미국
소비기판	1857	Mehring	독일
조각 꿀 생산	1857	Harbison	미국
여왕벌 우편배송	1863	Robinson	미국
원심분리식채밀기	1865	Hruschka	오스트리아
롤러식소비기판 제조기	1873	Weiss	미국
실용 훈연기	1875	Quinby, Bingham	미국
벌의 중량별 판매(패키지벌산업)	1879	Root	미국
산업용 여왕벌 배양법	1883	Alley	미국
인공왕대에 대한 여왕벌 생산	1889	Doolittle	미국
효율적인 벌 회피	1891	Porter	미국
효율적인 분봉 조절법	1892	Demaree	미국
화분매개용 벌통	1895	Waite	미국
철사소비틀	1920	Dadant	미국
여왕벌 수정장치	1926	Watson	미국

<표1-2>우리나라의 양봉역사

고대 양봉	동양종꿀벌 (토종) (*Apis indica*) 사양 시대		
	삼국시대	BC 58~15 643년 720년	인도 → 중국 → 고구려 시조 주몽(동명성왕) → 도입 백제 태자 여풍 – 강원도 영월 – 단양지역 직접 사양 백세로부터 토종사양기술 전수 (일본서기)
	고려시대	918~1392 1145 1192	- 꿀벌산물은 사찰운영에 주 수입자원 - 목밀, 석밀채취 성행 (삼국사기, 김부식) - 일반민가 벌꿀 사용금지령
	조선시대	1481 1613	제주도와 섬 지방을 제외한 모든 지역 벌꿀 생산 (성종 12년, 동국여지승람) 벌꿀, 밀랍, 번데기는 영약
근대 양봉	서양종꿀벌 (*Apis mellifera ligustica*) 도입과 라식벌통사양 시대		
	대한제국	1904 1917 1918 1935	윤신영 (양봉인) → 독일서 8년간 연수 후 귀국 (1910)시에 벌통 도입, 한국최초양봉전문서"실험양봉" 출판 (1917), 중앙서간 구걸근(Kugelgen)신부 → 일본 → (1910)입국, 재 입국 (1917) 시 이타리안종, 코카시안 종 도입 이근영 (양봉전문가) - 최초 양봉 전문책자 "양봉신편"(1918) 출간, 국천서장 고영호 (고려양봉원 대표) - 최초 양봉 관련기구 일체 생산공급회사 설립
현대 양봉	대한민국	1948	고영호 (고령양봉원 대표) - 농림부 제2농부국 양봉계장역임
	단체발족	1961 1967	한국양봉협동조합설립 (사단법인)한국양봉협회 발족 (1977년 농림부인가)
	국제양봉 회원가입	1973 1980	제24차 대회 : 한국양봉협회 정회원 가입 제27차 대회 : 한국양봉농협 정회원 가입 (2011년 재가입)
	학회장립	1985	한국양봉학회 발족 (서울대 농대 응용곤충학전공 내 학회 사무실)
	종봉도입	1963 1967	농촌진흥청 축산시험장, 캘리포니아 농업시험장에서 테르백 이탈리안 종 여왕벌 20마리 도입 동아양봉원대표 (신장환), 캐나다 온타리오대학 양봉학과에서 인공 수정한 아나톨리안종과 카니올란종 여왕벌 가각2마리씩 도입
	양봉전문지 발간	1965 1967	- 양봉농협조합, 월간"꿀벌" 창간 - 동아양봉원 대표 신장환, 신필교 월간 "양봉계"지 발간 - 한국양봉협회, 양봉협회보, "월간양봉"
	국제기술 교류	1986	서울대학교 최승윤교수, 강원농원 이창수 대표, 미국 캘리포니아대 데이비스 캠퍼스 양봉연구실과 캐나다 알바타대학 양봉연구실과 종봉 정보교류사업으로 얄타품종 여왕 200마리와 이탈리안종 100마리 수입
	전문서적 출간	1950 ~80	① 조상렬, 조영태 : 양봉학, 조선밀봉원, 1955. ② 양재준, 이용빈역 : 꿀벌과 벌통 (Roy A. Grout원저), 대한교과서, 1960. ③ 고영호 : 양봉종전, 영윤사, 1962. ④ 최승윤 : 양봉, 부민문화사 (1960) 양봉학, 집현사 (1964) ⑤ 조도행 : 꿀벌관리사계절, 오성출판사, 1973.

PART

02

꿀벌과 양봉

꿀벌의 종류, 형태, 습성

PART

02 꿀벌의 종류, 형태, 습성

01 꿀벌의 종류와 분포

1. 꿀벌의 분류학적 위치와 종수

절지동물문 (Arthropoda), 곤충강 (Insecta)

벌목 : 전세계 약 138,000종 (한국 약 1,900종)

꿀벌과 : 전세계 약 2,000여 종 (한국 약 50여 종)

꿀벌 : 전세계 9종 (한국 2 종)

예) *Apis cerana* 동양종 꿀벌, *Apis mellifera* 서양종꿀벌

2. 꿀벌의 지구상 출현 : 약 4,000만 년 전 (신생대 제3기)

가장 진화한 유익한 군집사회생활 곤충

<표2-1> 곤충의 출현의 지질학적 시기 - 꿀벌의 출현

시대	기간 (만년)		원조곤충	초기화석	유시곤충	완전변태	근대곤충
신생대	2	제 4기					
	63	제 3기 (꿀벌의 출현)					
중생대	185	백악기					
	180	주라기					
	230	3 첩기					
고생대	280	페르미아기					
	345	석탄기					
	405	데본기					
	425	시루리아기					
	500	오르도비스기					
	600	캠브리아기					

<표2-2> 꿀벌의 화석표본 발굴연대

지질연대	년 대	발굴된 종	발굴지역
점신대	3,800만 - 2,400만 년 전	*A. henshawi* *A. vetustus*	유럽 독일
중신대	2,400만 - 500만 년 전	*A. petrefacta* * *A. longtibia* ** *A. mioceica* *A. miocen*의 일종 *A. lithohermaea* *A. ambrusteri*	보헤미아 중국 중국 유럽 일본 독일
선신대	500만 -180만 년 전	미발굴	
경신대	180만 - 1만 년 전	*A. mellifera*	
완신대	1만 년 전 - 현재	*A. florea, A. dorsata, A. cerana,* *A. mellifera, A. koschevnikovi*	

* *A. henshawi*의 동종이명, ** *A. miocenica*의 동종이명

3. 꿀벌은 지구상에 꼭 필요한 생물5종의 하나

(1) 영장류 → "배설물로 숲을 보존"

· 394종 중 114종 멸종위기에 처함

· 열대 및 아열대의 각종 과실을 먹고 그 배설물은 생태계의 지속을 가능하게 함

· 지구의 허파인 숲을 보존

(2) 박쥐 → "해충 잡아먹는 살아있는 살충제"

· 1,100종 중 20% 멸종위기

· 망고, 바나나, 대추, 야자 등의 상업용 작물의 수분매개자

· 해충을 포식하는 수백만 달러규모의 효과적 살충제 역할

(3) 벌 → "벌 없으면 꽃도 없다"

· 약 2만종 분포하나 기후 변화로 인하여 약 80% 감소

· 아몬드, 복숭아, 살구 등의 화분매개 의존식물도 동시에 사라지게 된다.

(4) 균류 → "자연의 청소부"

· 약 150만 종 분포 멸종될 염려 거의 없음

· 식물이 흙 속에서 영양분과 수분을 흡수할 수 있도록 청소부 역할

(5) Plankton → "산소공장"

· 약 5만 종 분포

· 수십억 바다 생물의 먹이

· 바다 표면에 서식하는 식물성 플랑크톤 광합성을 통해 지구 절반의 O_2를 생산

4. 꿀벌은 곤충 중 가장 잘 진화 발달한 생물종이다.

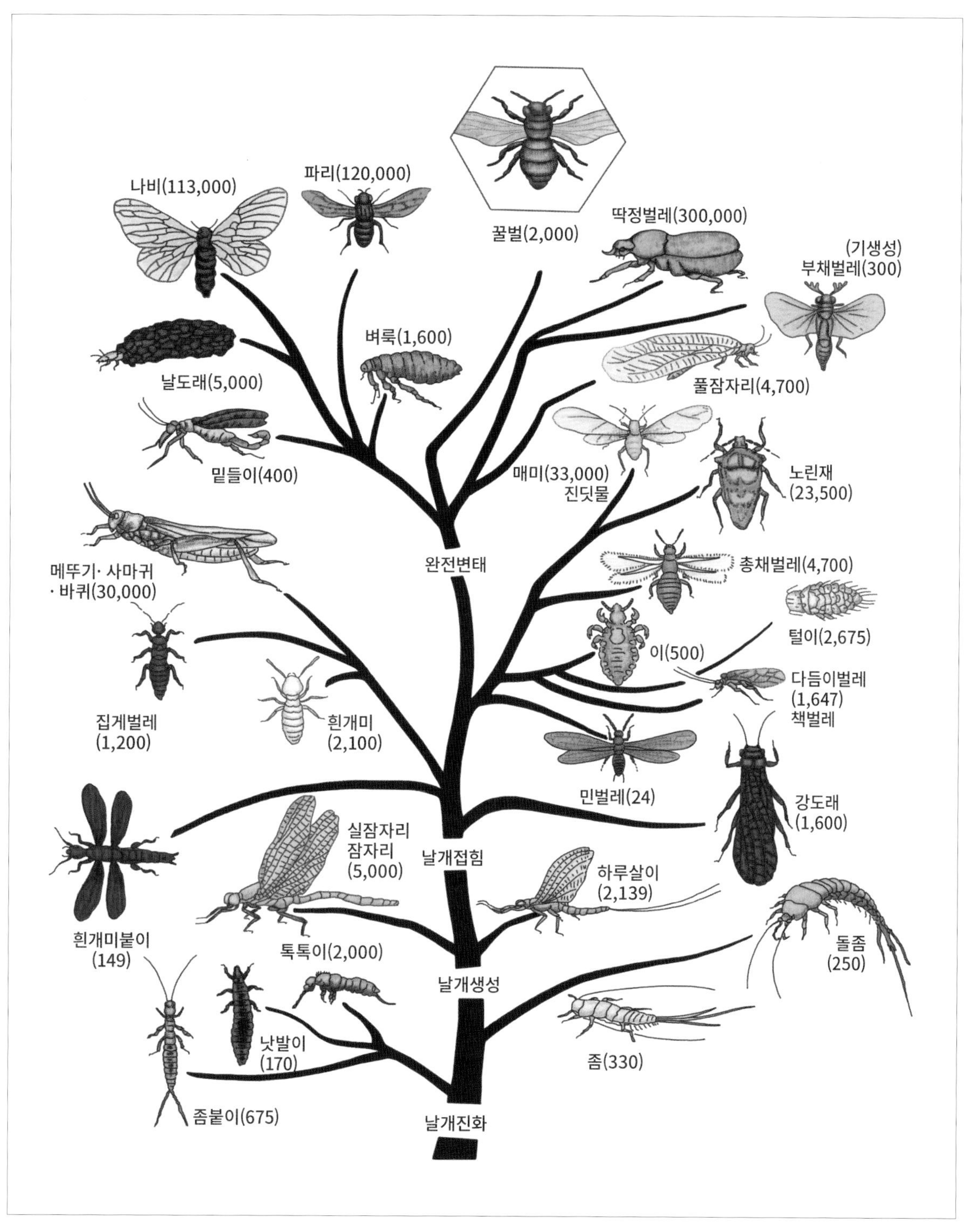

<그림2-1> 곤충의 가상적 진화 계통수

5. 지금까지 알려진 꿀벌 품종

(1) 전 세계에 지금까지 알려진 꿀벌 종류 (9종)(Takaki, j. i. 2005)

I. 개방공간 집짓기형 꿀벌

1) 최소종아속 (*Micrapis*)

① 인도최소종 (*Apis florea*)(1787) – 분포지역 : 동남 – 서남아시아지역

② 흑색최소종 (*Apis andreniformis*)(1858) – 분포지역 : 동남아시아지역

2) 최대종아속 (*Megapis*)

③ 인도최대종 (*Apis dorsata*)(1793) – 분포지역 : 동남 – 서남아시아 지역

④ 흑색최대종 (*Apis laboriosa*)(1871) – 분포지역 : 히말라야지역

II. 폐쇄공간 집짓기형 꿀벌

3) 중형종아속 (꿀벌아속, *Apis*)

⑤ 서양종 (*Apis mellifera*)(1758) – 분포지역 : 유럽, 아프리카지역

⑥ 동양종 (*Apis cerana*)(1793) – 분포지역 : 아시아 전 지역

⑦ 자바종 (*Apis koschevnikovi*)(1906) – 분포지역 : 말레시아, 칼리만탄섬

⑧ 보르네오종 (*Apis nuluensis*)(1996) – 칼리만탄섬

⑨ 술라와시종 (*Apis nigrocincta*)(1861) – 칼리만탄섬, 스라웨시 (검은띠꿀벌)

(2) 전 세계 표준 4종의 특성 비교

① 서양종 (*Apis mellifera*)

② 동양종 (*Apis cerana*)

③ 인도최대종 (*Apis dorsata*)

④ 인도최소종 (*Apis florea*)

(3) 동양종 꿀벌 (*Apis cerana*) 4아종

① 일본종 (*Apis cerana japonica*)

② 동북종 (*Apis cerana cerana*)

③ 인도종 (*Apis cerana indica*)

④ 히말라야종 (*Apis cerana himalaya*)

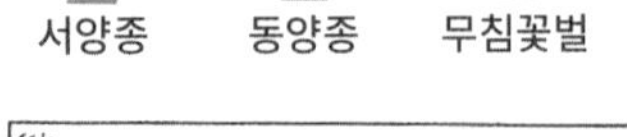

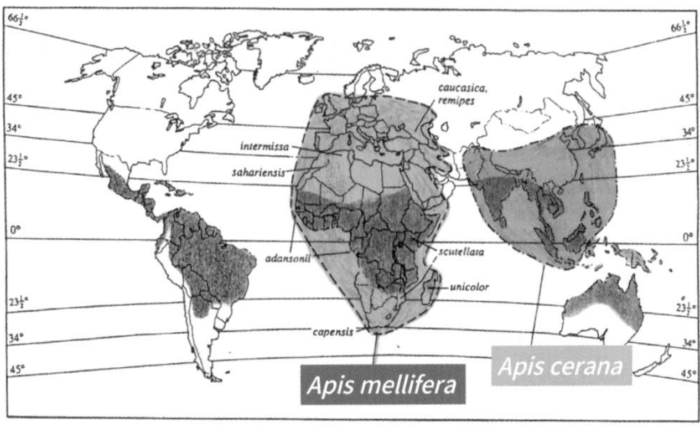

<그림2-2> 꿀벌종의 자연분포

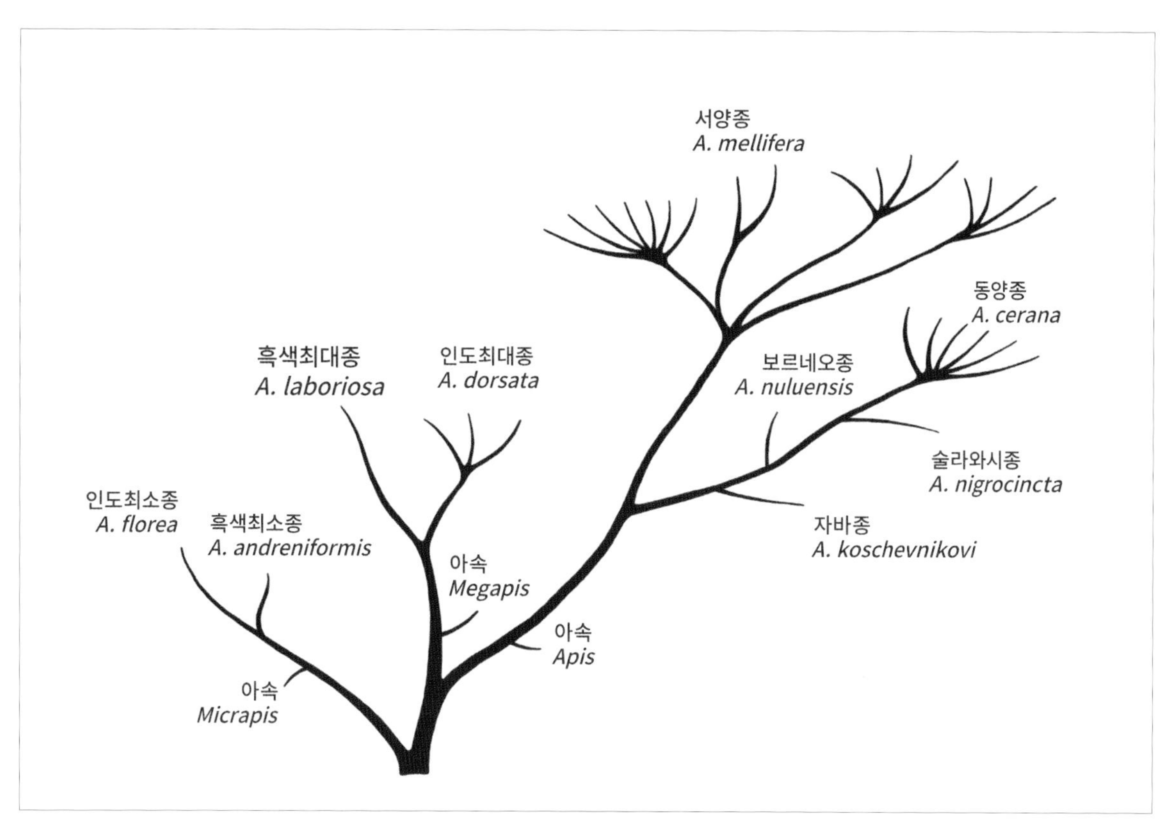

<그림2-3> 꿀벌속(*Apis*) 진화 계통수

<표2-3> 세계의 대표적인 표준 꿀벌 4품종에 따른 산물생산능력 및 번식력 비교

꿀벌종류	원산지	꿀	밀랍	화분	프로폴리스	로열젤리	벌독	번식력
서양종 (*Apis mellifera*)	유럽 지중해 아프리카	XX	XX	XX	XX	XX	XX	XX
동양종 (*Apis cerana*)	아시아	XX	XX	X		X	X	X
인도최대종 (*Apis dorsata*)	아시아 열대지방	XX	XX	X	X	X	X	X
인도최소종 (*Apis florea*)	아시아 열대지방	XX	XX	X	X	X	X	X

<표2-4> 꿀벌 9 품종 별 형태적 특성 비교

	꿀벌종	형태사진	체장(mm)	주맥지수
최대종	흑색최대종 (*Apis laoriosa*)		16.3	15.50
	인도최대종 (*Apis dorsata*)		15.5	9.57
중형종	서양종 (*Apis mellifera*)		12.5	2.66
	쟈바종 (*Apis koschevnikovi*)			7.45
	보로네오종 (*Apis nuluensis*)		10~11	
	술라웨시종 (*Apis nigrocincta*)	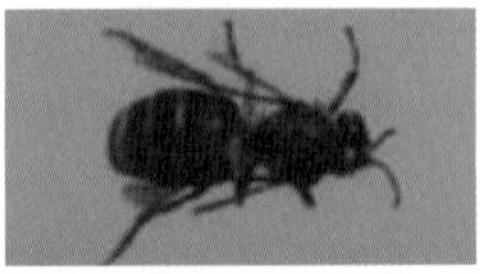	11	
	동양종 (*Apis cerana*)		10.6	4.12
최소종	인도최소종 (*Apis florea*)	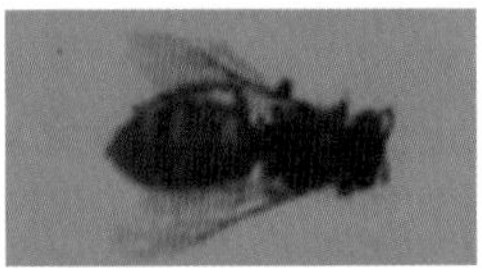	8.3	3.65
	흑색최소종 (*Apis andreniformis*)		8.2	5.67

<표2-5>대표적 서양종 5개 아종의 특성

아종			사진
이탈리안벌 (*Apis mellifera ligustica*) — 체장(mm) 12~13 주맥지수 2.55 혀길이(mm) 6.3~	분포	이탈리아 리구리아지방 원산 1859년 미국에 도입 이후 전세계에 널리 보급 (우리나라에 가장 많다)	
	특성	표준황색종 근대 양봉에서 가장 우수한 계통벌 온순, 환경적응력, 채밀력, 소충 유럽부저병 강함	
북구흑색벌 (*Apis mellifera mellifera*) — 체장(mm) 12~15 주맥지수 1.84 혀길이(mm) 6.3	분포	피레네산맥 스코틀랜드 스칸디나비아반도 남부 ⇨ 중부유럽지역	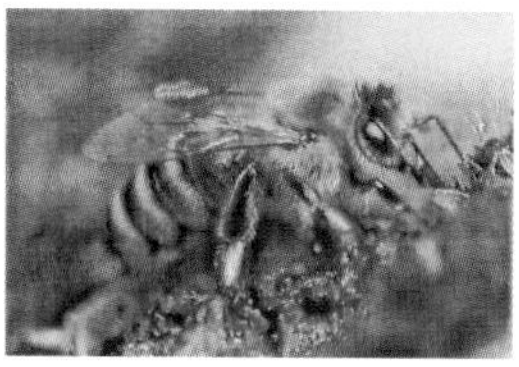
	특성	저온에 강함 (-45°C에서 월동)	
카니올란벌 (*Apis mellifera carnica*) — 체장(mm) 12~13 주맥지수 2.44 혀길이(mm) 6.4~	분포	유고슬라비아 카니올란지방 원산 발칸반도, 알프스, 흑해, 우크라이나 1980년대 이후 오스트리아를 거쳐 널리 퍼짐	
	특성	표준흑색종 (체구가 가장 큼), 온순 (복면 불필요) 환경적응력 (월동력), 수밀력 강함 양질의 밀랍 생산	
코카시안벌 (*Apis mellifera mellifera*) — 체장(mm) 12~13 주맥지수 2.16 혀길이(mm) 7~7.2	분포	러시아 흑해동부 코카서스지방 원산	
	특성	대표적인 흑색벌, 혀가 길다 (7mm) 복부색 띠폭이 넓다 (tomentum) 온순, 수밀력 양호, 청소력, 프로폴리스를 바르는 성질이 강하여 관리상 불편, 노제마병에 약함	
아프리카벌 (*Apis mellifera scutellata*) — 체장(mm) 12~15 주맥지수 2.43 혀길이(mm) 5.8~	분포	아프리카 동부고원~에디오피아 분포 탄자니아 ⇨ 브라질 ⇨ 북미	
	특성	외부자극에 민감 집단공격력 강함 살인벌(killer bee)로 유명	

(4) 서양종 24아종 및 지리적 분포 (Ruttner, 1986, 1988)

① 아프리카 지역

A.m. scutellata lepeletier .... (1836) 아프리카벌

A.m. adansonii Latreille .... (1804) 아다손벌

A.m. litorea Smith .... (1961) 리토리아벌

A.m. monticola Smith .... (1906) 몬타콜라

A.m. lamarckii Cockerell .... (1821) 이집트벌

A.m. capensis Escholtz .... (1804) 케이프벌

A.m. uncolor Latreille .... (1804) 유니칼라벌

A.m. yemenitica Ruttner .... (1975b) 예멘벌

② 동부지중해와 동남부 유럽지역

A.m. sicula Montagano .... (1911) 시콜라벌

A.m. ligustica Spinola .... (1806) 이탈리안벌

A.m. carnica Pollmann .... (1876) 카니올란벌

A.m. macddonica Ruttner .... (1988a) 마케도니안벌

A.m cecropia kiesenwetter .... (1860) 세크로피아벌

③ 서부지중해와 서부유럽지역

A.m. sahariensis Baldensperger .... (1922) 사하라벌

A.m intermissa Buttel-Reepen .... (1906) 헐리안벌

A.m. liberica Goetze .... (1961) 이베리안벌

A.m. mellifera Linnaeus .... (1758) 북구흑색종

④ 극동지역

A.m. anatoliaca Maa .... (1953) 아나톨리안벌

A.m. adami Ruttner .... (1975b) 아담벌

A.m. cypria Polllman .... (1879) 사이프리안벌

A.m. syriaca Buttel-Reepen .... (1906) 시리아벌

A.m. caucasica Gorbachev .... (1916) 코카시안벌

A.m. meda Sorikov .... (1929) 메다벌

A.m. armeniaca Sorikov .... (1929) 아르메니안벌

〈꿀벌의 분포도 (동·서양)〉

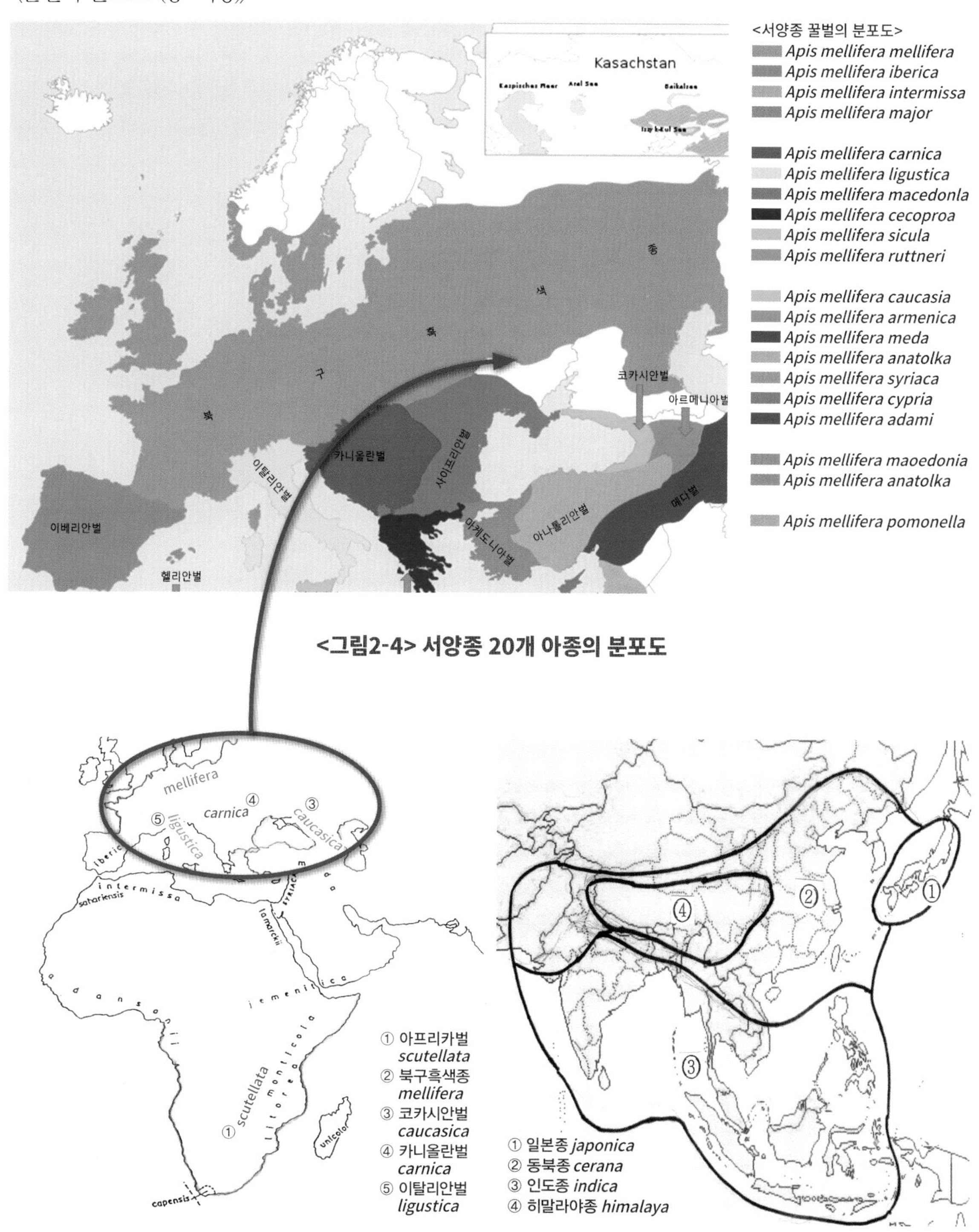

<그림2-4> 서양종 20개 아종의 분포도

<그림2-5> 서양종꿀벌(*Apis mellifera*)의 5개 아종분포 <J.A.Graham, 1992>

<그림2-6> 동양종꿀벌(*Apis cerana*)의 4개 아종분포 <Takaki, 2005>

(5) 꿀벌의 계통간 분류기준

① 형태적 분류기준 : 체구, 체모, 날개의 시맥, 혀 길이, 날개의 길이, 시구(hamuli), 발바닥마디(metatarsus)의 길이와 폭

ⓐ 주맥지수 (Cubital index a : b)

종	(a : b)
Apis mellifera (서양종)	2.66
Apis florea (인도최소종)	3.65
Apis carana (동양종)	4.12
Apis andreniformis (흑색최소종)	5.67
Apis dorsata (인도최대종)	9.57
Apis laboriosa (흑색최대종)	15.50

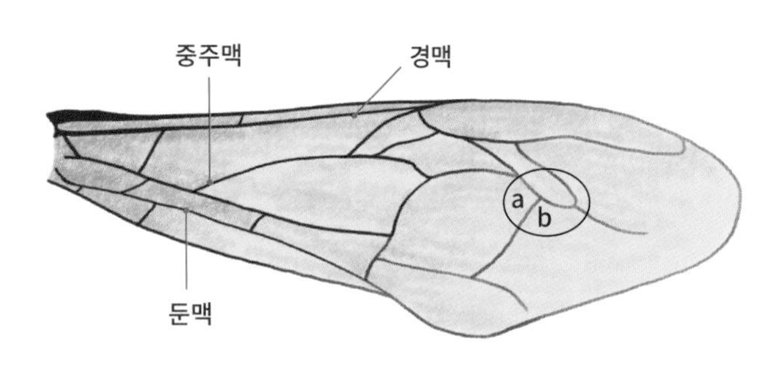

ⓑ 앞날개와 주둥이 (혀)의 길이

구 분	앞날개의 길이 (mm)	주둥이 (혀)의 길이 (mm)
서양종	9.06	6.49
동양종	8.41	5.33

ⓒ 색띠 (Tomentum)의 배열모양

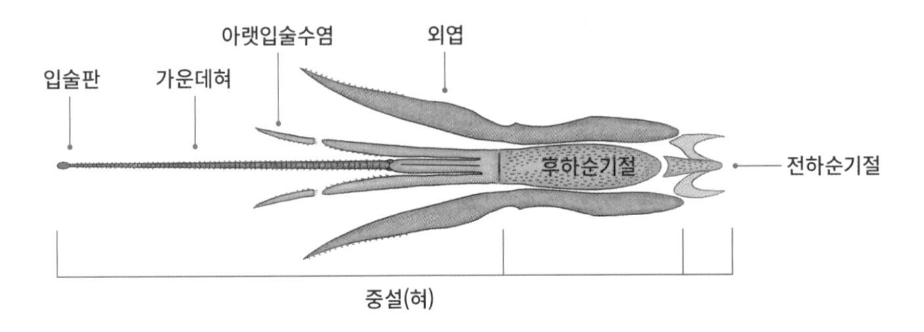

〈일벌의 등판 중앙 3개에 나있는 털색띠 (Tomentum)의 배열모양〉

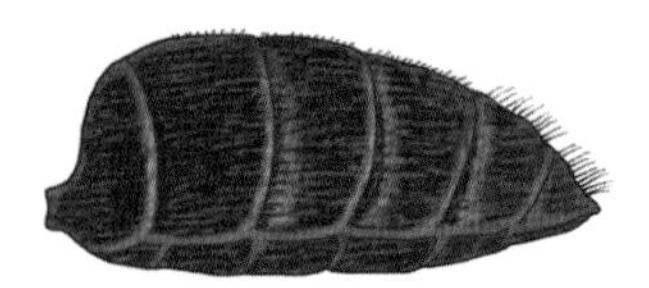

<*mellifera* 유럽흑색종>

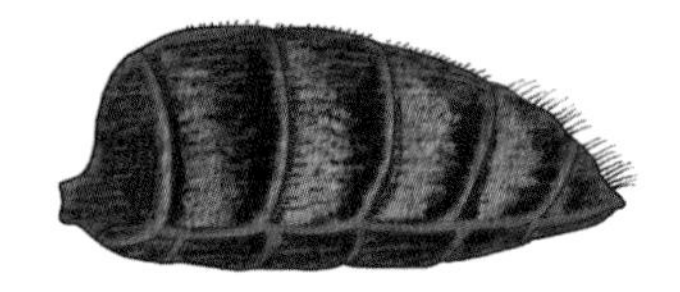

<*carnica* 카니올란종>

② 유전적 분자생물적 분류기준 : 단백질의 효소의 구조적 차이, 염기서열분석 등

효소도(zymograms)	
A *Apis cerana*	동양종
B *Apis mellifera*	서양종
C *Apis dorsata*	인도최대종
D *Apis florea*	인도최소종
E *Apis laboriosa*	흑색최대종
F *Apis andrenifomis*	흑색최소종

<그림2-7> *Apis* 6종의 단백질효소의 효소도

02 꿀벌의 형태

1. 외부형태

(1) 머리(Head)

① 눈(Eyes) : 겹눈(1쌍), 홑눈(3개)

· 5,000~6,000개 렌즈로 구성

· 자외선 예민, 붉은색 색맹 (300~650nm) (cf. 사람 400~800nm)

· 주황색, 황색, 녹색 → 녹색으로 보임

· 청색, 보라색 → 청색으로 보임

② 촉각(Antenna) : 무릎형 (geniculate), 편절(flagella)

③ 구기(Mouthparts) : 씹어 핥는 형 (Chewing–lapping)

· 혀 길이 (Glossa) : 동양종 (5.33mm), 서양종 (6.49mm) (종감별기준)

· 어금니 (Mandible) : 여왕, 일벌, 수벌 차이

④ 분비샘 (Gland)

· 두부침샘 (Head salivary gland) : 소화효소 분비

· 큰턱샘 (Mandibular gland) :

[여왕벌] 9–hydroxy–decenoic–acid등 4가지 물질을 분비하여 일벌들의 발육, 행동 및 집단 안정유지조절, 수벌유인

[일벌] – 경보 또는 방어물질 분비

· 하두인선 (Hypopharnygeal gland) : 로열젤리 분비

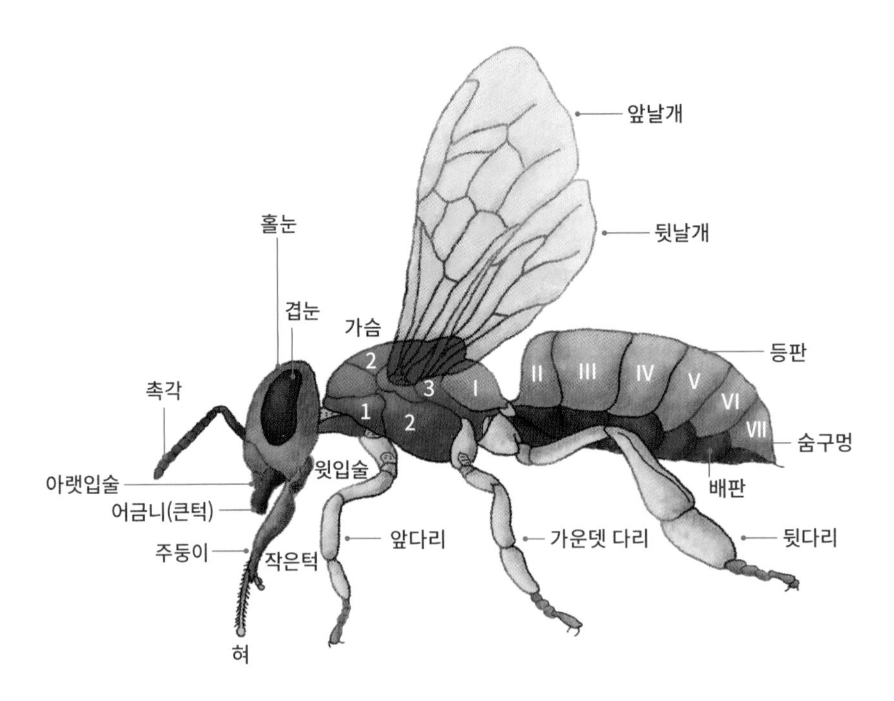

<그림2-8> 꿀벌의 외부형태와 구조

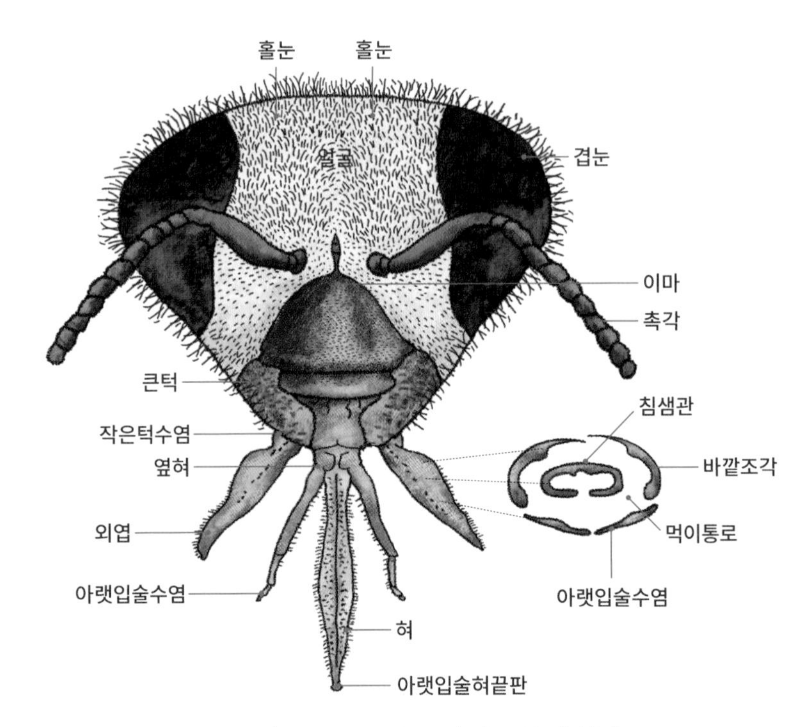

<그림2-9> 꿀벌일벌(*Apis mellifera*)의 두부와 형태

(2) 촉각 (Antena)

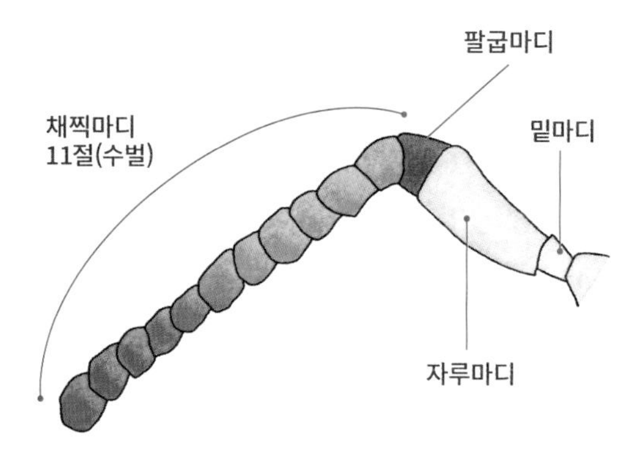

<그림2-10> 촉각의 형태

(3) 꿀벌 눈의 구조

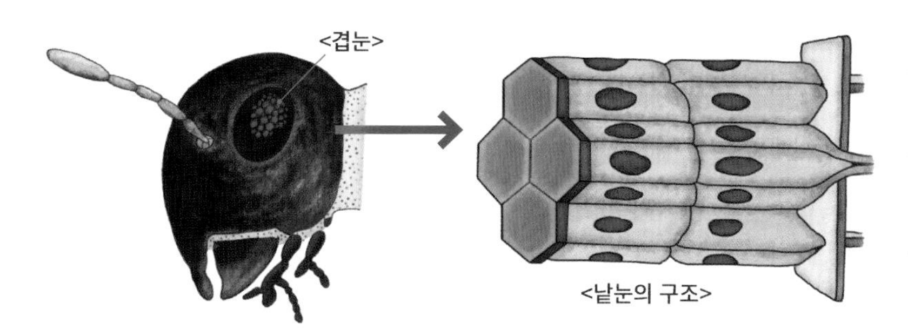

· 붉은색(색맹)
→ 흑백의 명암으로 인지

· 꽃잎문양
→ 또렷하게 보임

<다수의 모상게계적 수용체 들이 북안 사이에 분포>

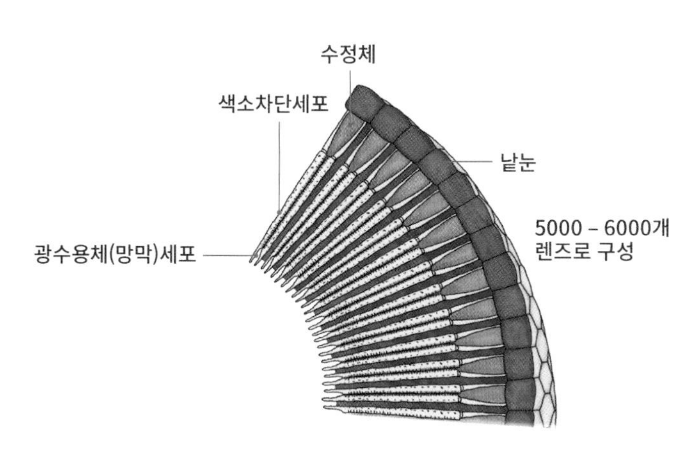

<겹눈의 구조>

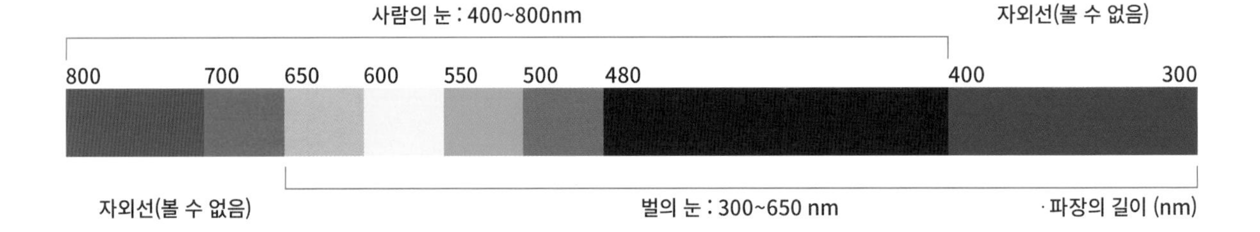

<그림2-11> 사람과 벌이 인식하는 빛의 가시파장범위

(4) 꿀벌 입틀의 형태와 구조

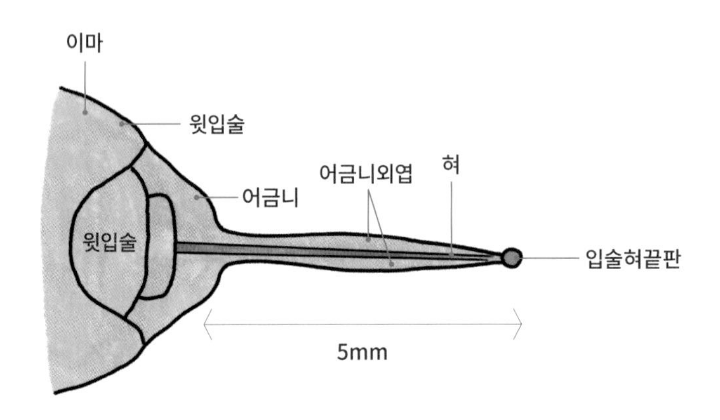

<그림2-12> 주둥이의 구조

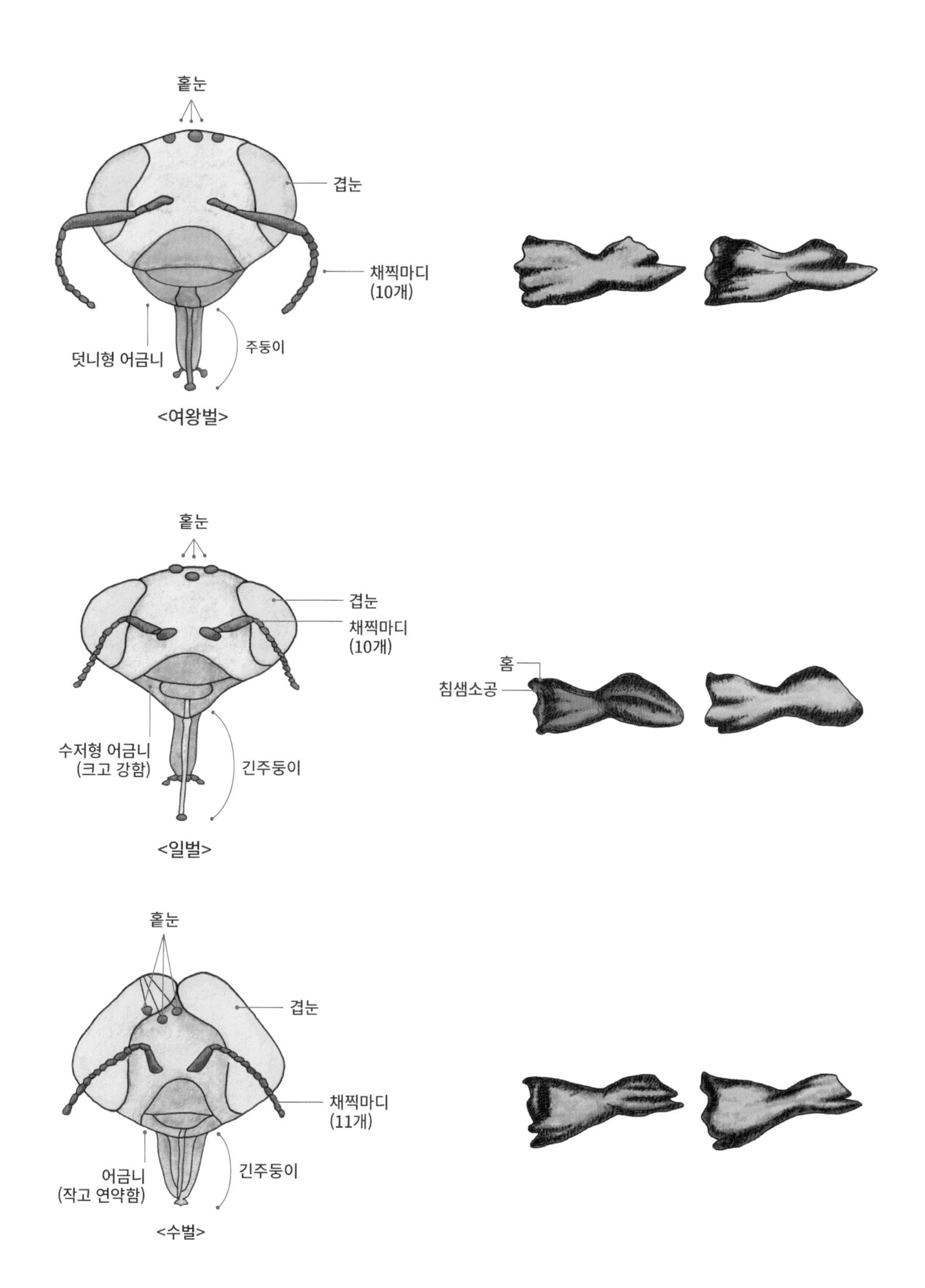

<그림2-13> 꿀벌의 두부와 이빨 (어금니)의 형태와 구조

(5) 분비샘 (Gland)

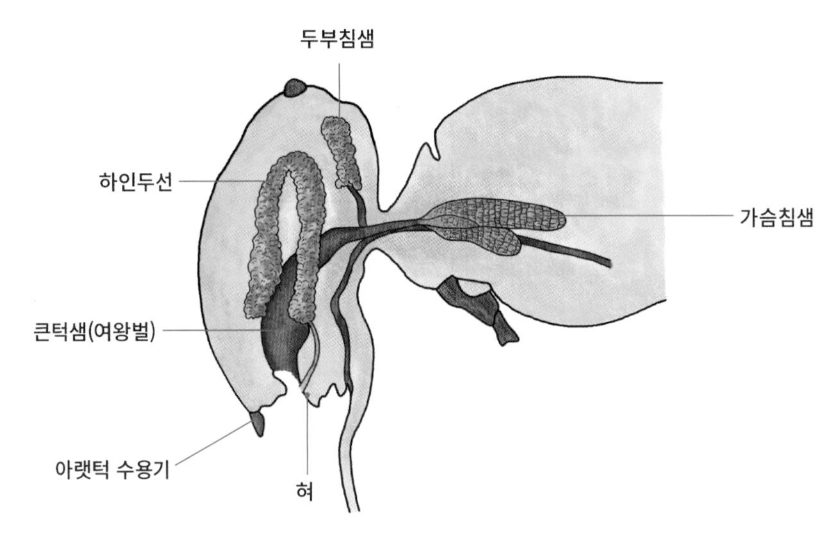

<그림2-14> 꿀벌의 두부와 분비샘의 형태와 구조

2. 가슴(Thorax) : 3부분 (앞, 가운데, 뒷가슴), 가운데, 뒷가슴 각 날개 1쌍씩

① 앞날개 (front wing)

· 주맥지수(cubital index) – a : b (종의 감별기준)

동양종 (5.45), 서양종 (2.40)

② 뒷날개 (Hind wing) – 갈고리 (hamuli)의 수

동양종 (19개), 서양종 (22개)

③ 앞다리 (Front leg) – 더듬이 청소기 (밑발마디)

④ 뒷다리 (Hind leg) – 화분채집장치 (Pollen collecting apparatus) (밑발마디 위치)

: 화분솔, 꽃가루 압착기

화분바구니 (Pollen basket)

⑤ 가슴침샘 (Thoracic salivary gland) – 소화효소 분비 (좌우한쌍) – (diastase, intvertase)

(① ~ ④ 그림 참조)

(1) 꿀벌의 날개

① 앞날개 (front wing)

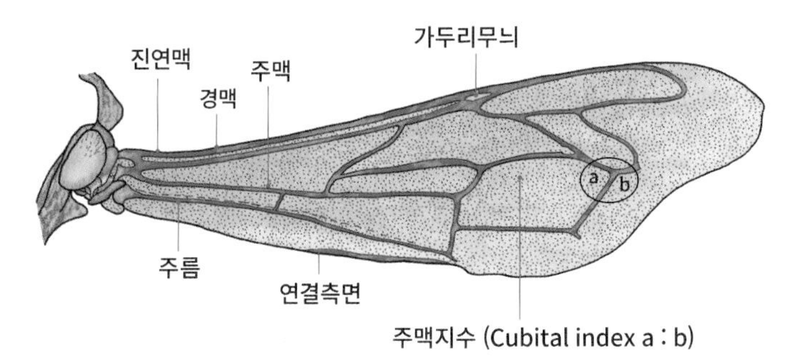

② 뒷날개

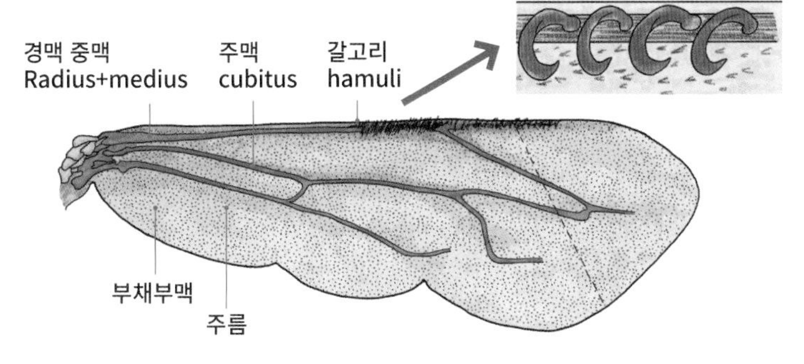

(2) 꿀벌의 다리

· 앞다리 종발마디 → 더듬이와 얼굴 소제 (청소)

· 뒷다리 종발마디 → 화분과 프로폴리스 채취

① 꿀벌 (일벌)의 앞다리 (촉각청소기)

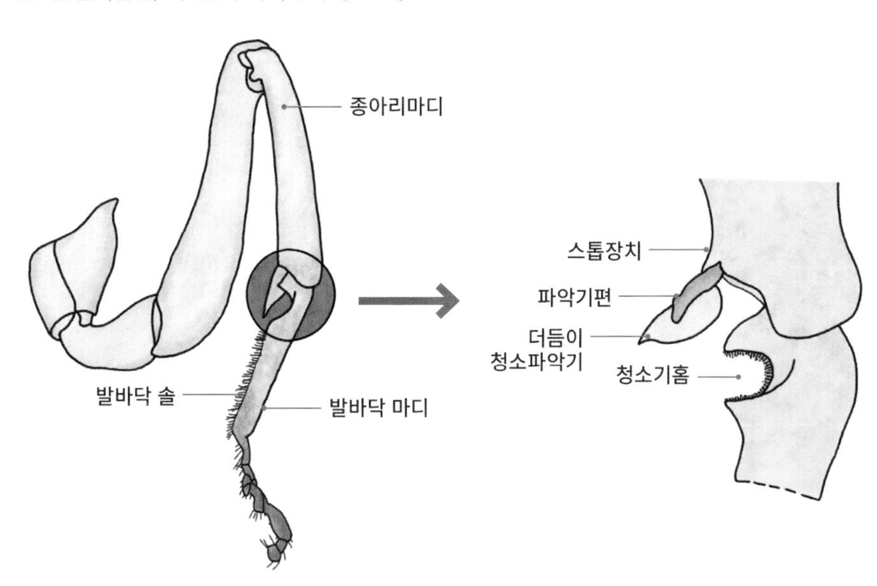

② 일벌 뒷다리 (화분채취 기구)

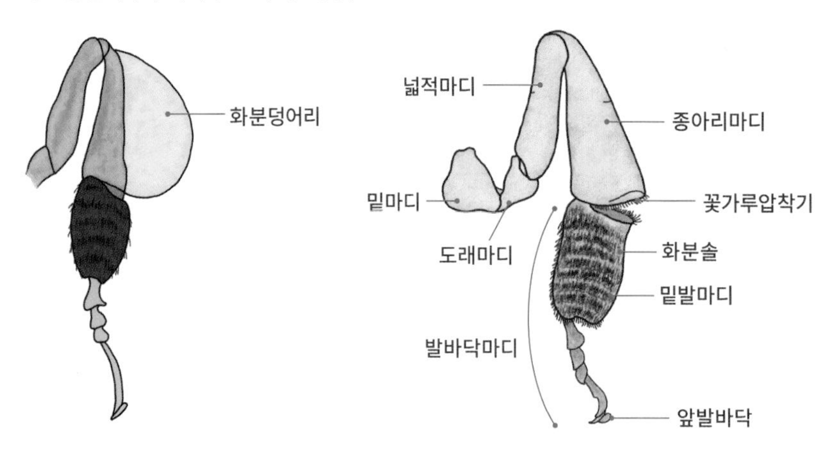

(3) 배 (Abdomen)

① 색띠 (Tomentum) : 등판 중앙에 3개의 털색띠 배열

② 밀랍샘 (Wax gland) : 복부 3~6 환절에 각 1쌍씩 (8개)

③ 향샘 (Scent gland)

· Nosanov샘 (등판제 6환절에 위치)

– 먹이나 벌통입구의 위치알림 및 봉군의 유인 페로몬 분비 (geranitol, citral)

· Koschenikov샘 (등판 제7환절 벌침 바로 위 네모판근 위부분 위치)

– 경보, 방어 페로몬을 분비 (isopenty acetate)

④ 벌침 (Bee sting) : 구침바늘 (stylet) 1개, 창 (lancet) 2개, 대형독낭 (venom sac)

ⓐ 색띠 (Tomenta)

ⓑ 밀랍샘 (Wax gland) : 복부 4~6절에 각 1쌍, 200~500 두께의 얇은 밀랍판 생성

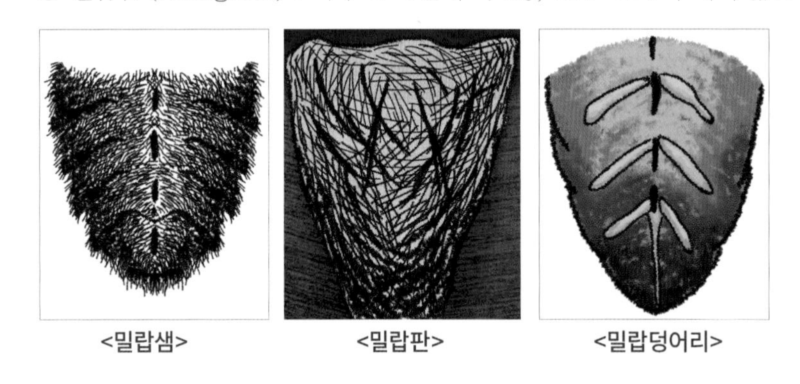

<밀랍샘> <밀랍판> <밀랍덩어리>

ⓒ 향샘 (Scent gland)

– 꿀벌은 페로몬 냄새로 유인 또는 방어 역할

① 나소노프샘 (Nasonov)

· 복부 6~7마디에 Geranoil, Citral, Norolic산과 같은 물질을 분비
· 먹이, 물, 자기집, 일벌들을 유인하는 역할

② 코쉐니코프샘 (Koschenikov)

· 벌침위 제7절 사각근 부분에 isopentenyl acetate (IPA), 라벤다향과 같은 물질 분비
· 외부의 적 또는 여왕벌 유입 시 경보 또는 보호물질을 분비한다.

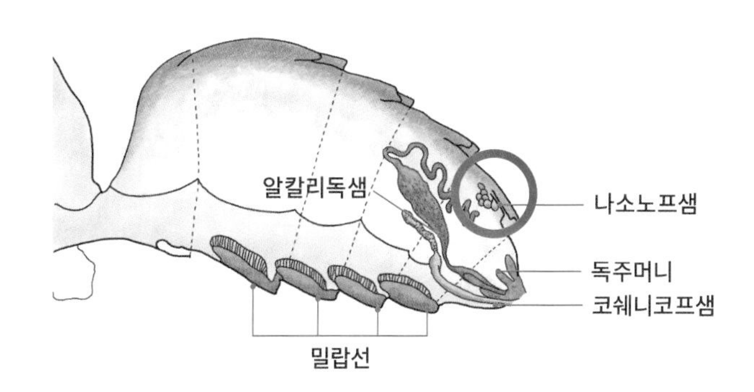

<그림2-15> 밀랍 분비샘과 향샘

ⓓ 벌침 (Bee sting)

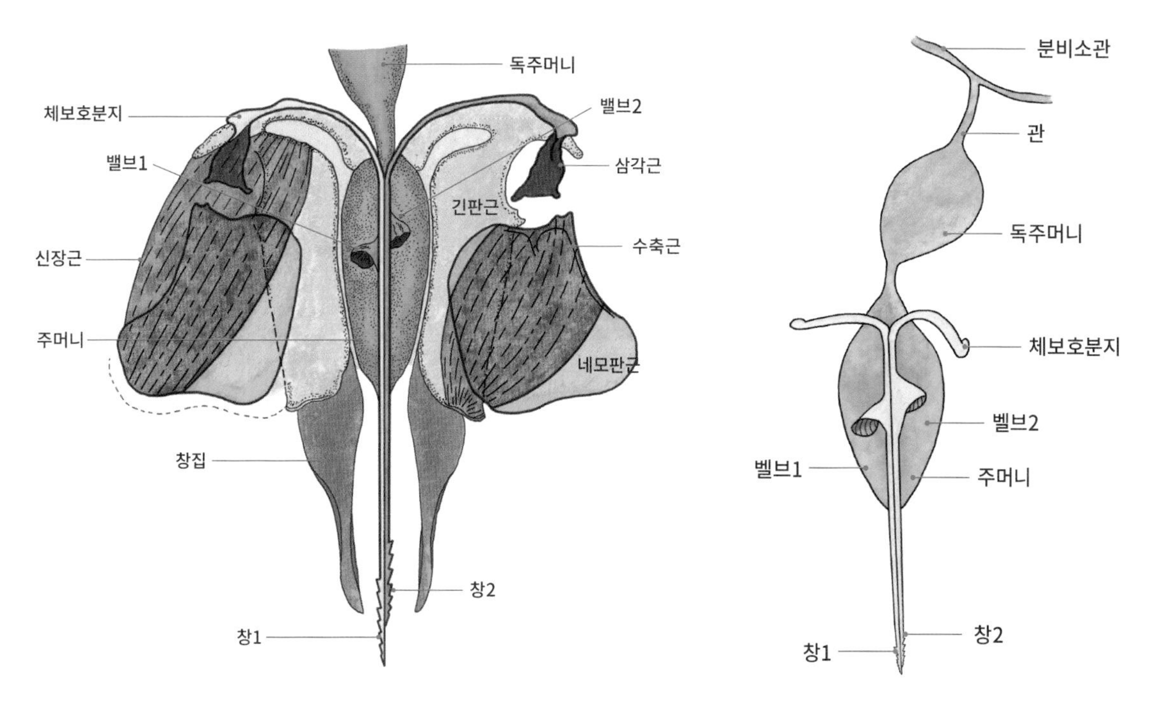

<그림2-16> 꿀벌의 벌침구조와 근육조직

<그림2-17> 꿀벌침의 구조와 기능

(4) 내부형태

① 소화관 (Alimentary Canal)

- 입 (Mouth) – 2쌍의 타액선 (salivary gland) : invertase 등 소화효소 분비
- 식도 (Oesophagous)
- 밀위 (Honey stomach) = crop (소낭)
- 앞위 (Proventriculus) : 먹이조절
- 위 (Ventriculus) : 소화흡수, 말피기소관 (노폐물 거름 작용)
- 전장 (Anterior intestine) : 흡수
- 직장 (Rectum) : 배설물 저장 및 배출

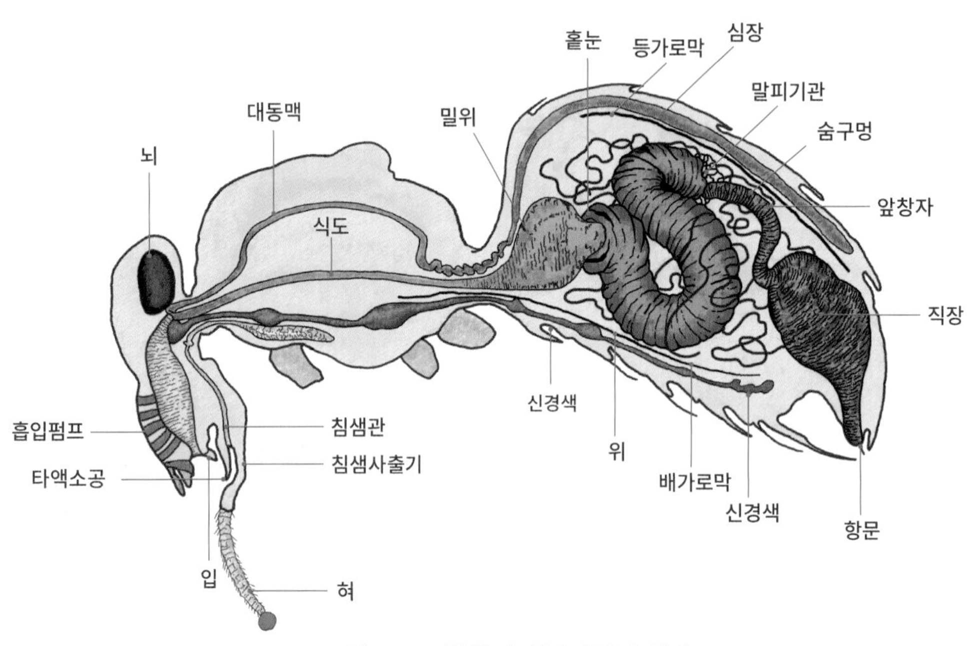

<그림2-18> 꿀벌의 내부기관의 형태

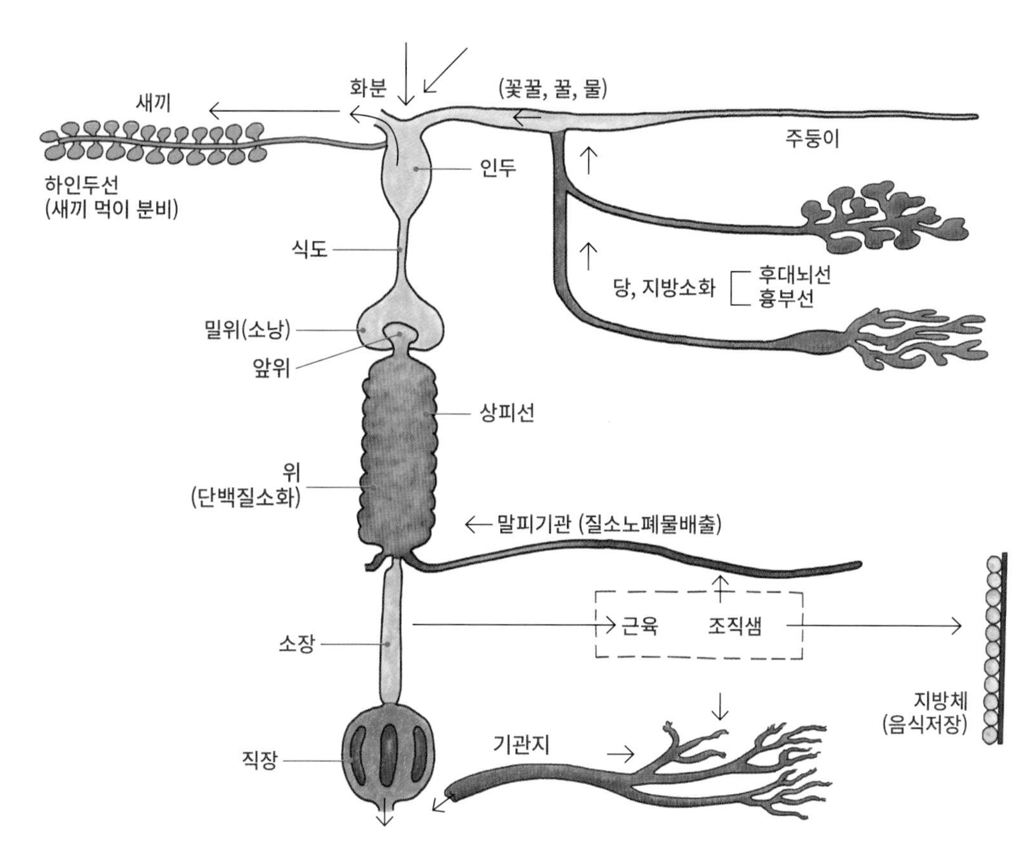

<그림2-19> 소화기관과 관련된 샘과 영양생리

② 순환기관 (Circulatory system)

- 개방형 혈관계 : 등쪽 심장과 혈관을 통해 혈액 (haemolymph)이 흐름
- 5개의 심실 (심장)과 심문

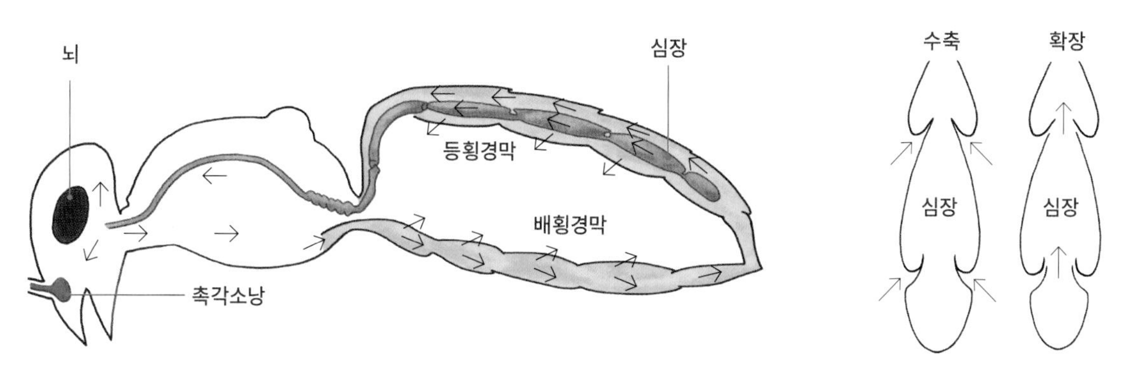

<그림2-20> 순환계

<그림2-21> 심장과 횡경막의 활동

③ 기관계 (Respiratory system)

- 온몸기낭발달 (tracheal sac) (머리3, 가슴5, 배2)
- 숨구멍 (spiracle) : 가슴 3쌍, 배 7쌍

〈꿀벌의 몸속은 온통 공기주머니〉

- 몸은 최대한 가볍게 공기로 채워져 있다.
- 시속 60~70km로 날아가 꿀과 화분을 딴다.

ⓐ 개방형기관계 (a) – (c)

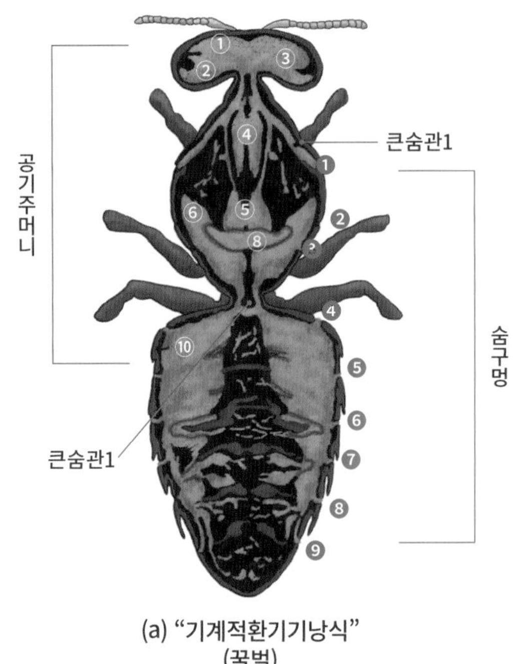

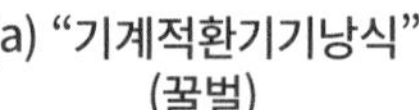

(a) “기계적환기기낭식”
(꿀벌)

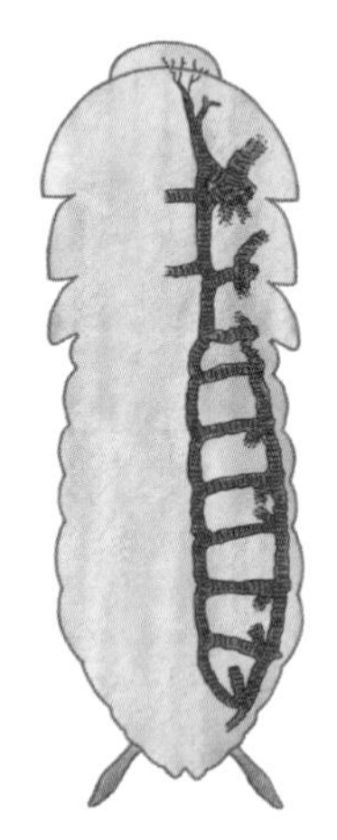

(b) 단순밸브식
(바퀴)

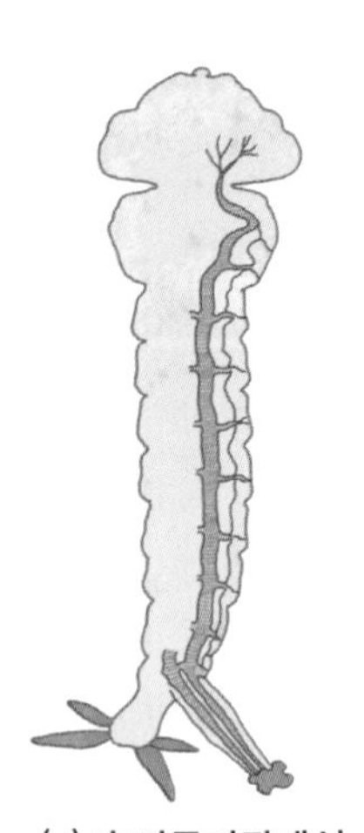

(c) 후기문기관계식
(모기유충)

ⓑ 폐쇄형기관계 (d) – (f)

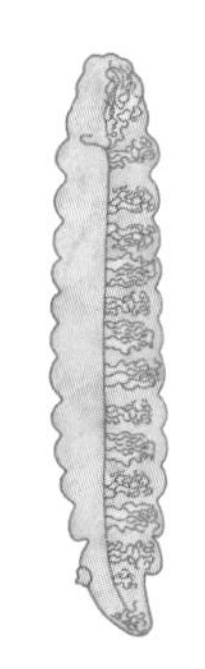

(d) 피부가스교환식 완전폐쇄형
(내부기생벌유충)

(e) 복부아가미식
(하루살이)

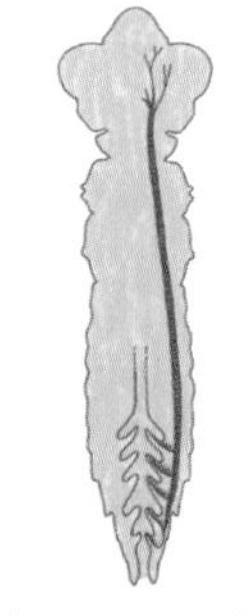

(f) 직장아가미식
(잠자리)

<그림2-22> 꿀벌과 다른 곤충과의 기관계 비교

④ 신경계 (Nervous system)

· 뇌, 흉부, 복부 교감신경계로 구분되며 복부 밑으로 흐름

· 10개의 신경구 (nerve cord) : 뇌 2개, 가슴 2개, 배 5개

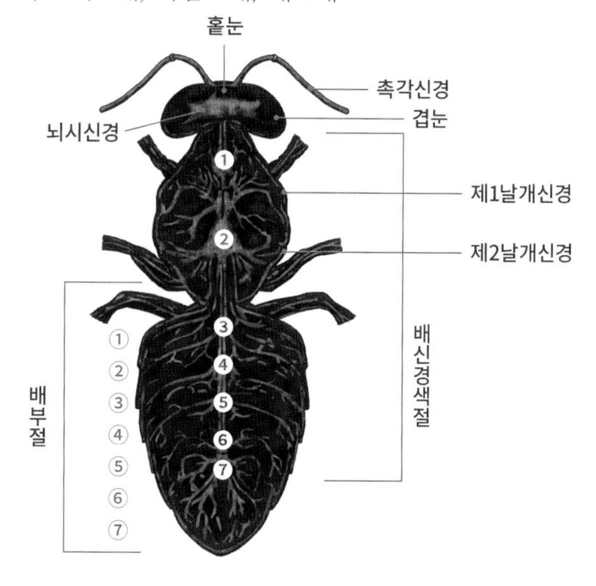

<그림2-23> 꿀벌의 신경

⑤ 감각기관 (Sensory organ)

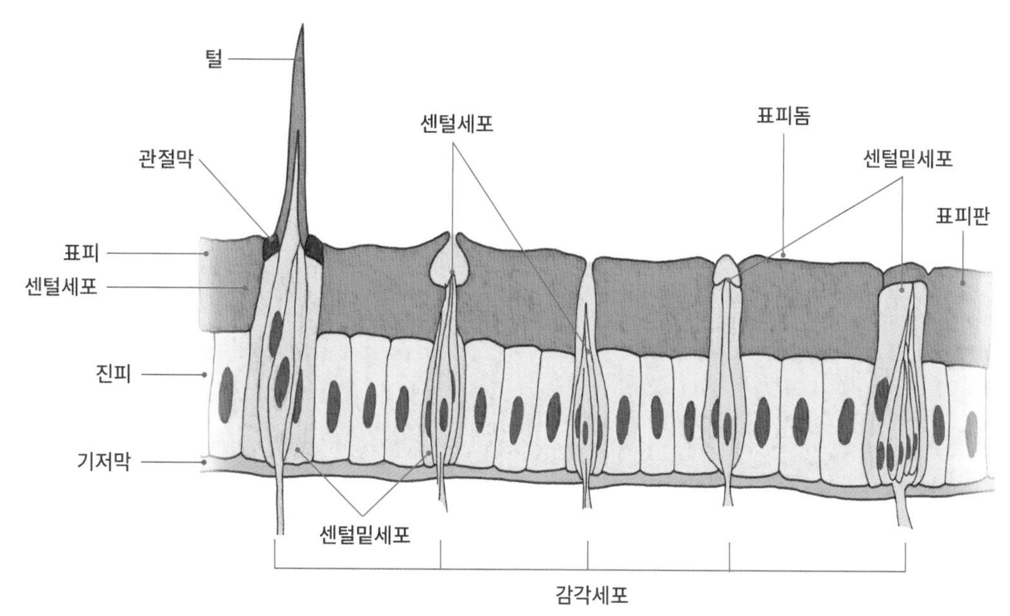

(a) 털형 감각기 (b) 빈구멍형 감각기 (c) 단지형감각기 (d) 종형 감각기 (e) 비늘형 감각기

<그림2-24> 감각기관의 여러가지 형태

ⓐ 접촉감각 (Tactical organ)

· 기계적 접촉 움직임, 풍압, 기류, 진동 (외적감각) – 머리와 더듬이 기부 사이에 위치

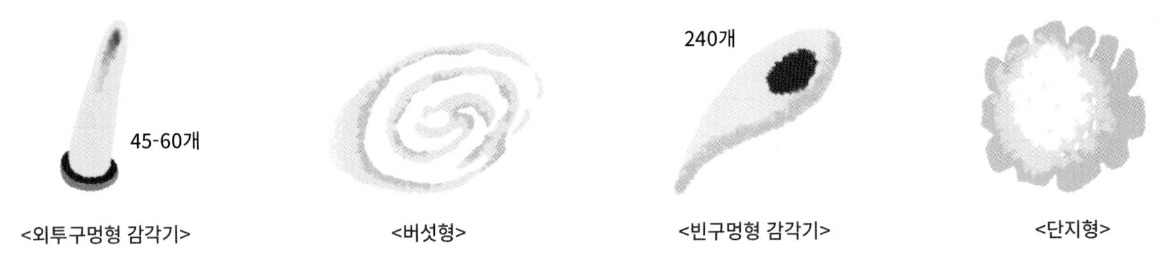

<그림2-25> 온도, 습도, CO_2 감지 감각기

ⓑ 후각과 미각 (Olfactory & Gustatory organ) = 구기, 촉각모 (모상형, 유강형, 단지형, 비늘형 등)

· 냄새, 맛, 습도, CO2

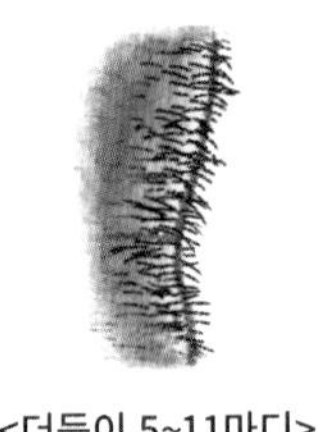

<더듬이 5~11마디>

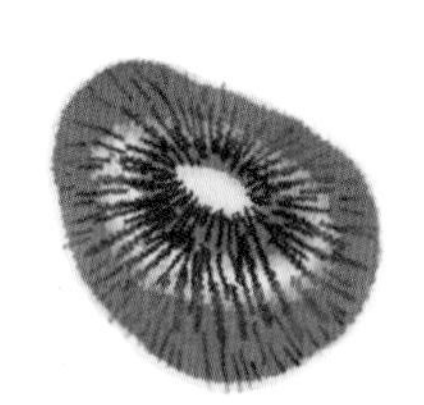

<비늘형 감각기>
일벌 27,000개 수벌 15,000 ~ 16,000개 여왕벌 1,600개

<털형 감각기 S자형>
일벌 3,000개

<뿔형 감각기>

<그림2-26> 냄새감지 감각기

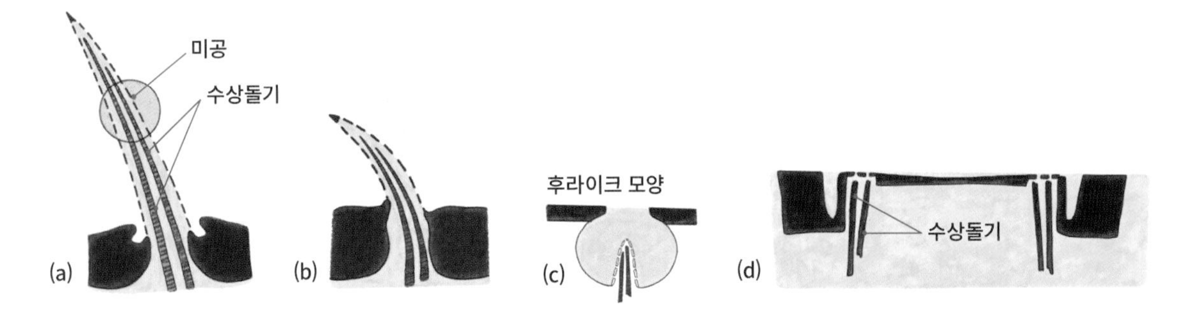

<그림2-27> 후각 수용기의 형태

ⓒ 청각 (Auditory organ) : 존스톤기관 (촉각의 팔굽마디 윗부분에 위치)

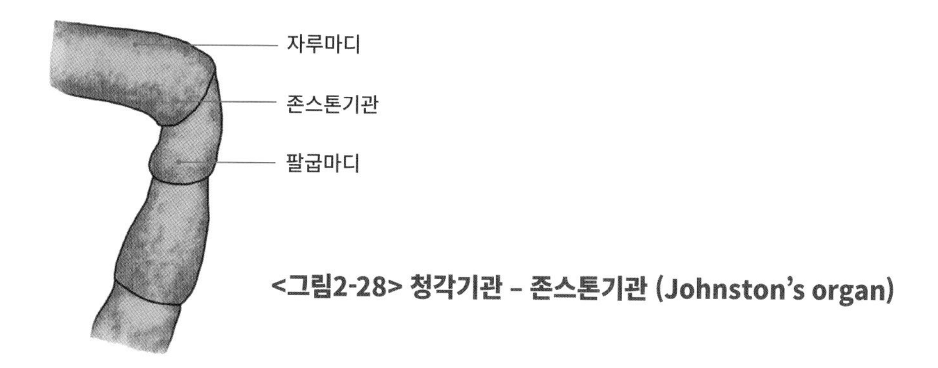

<그림2-28> 청각기관 – 존스톤기관 (Johnston's organ)

⑥ 생식기관

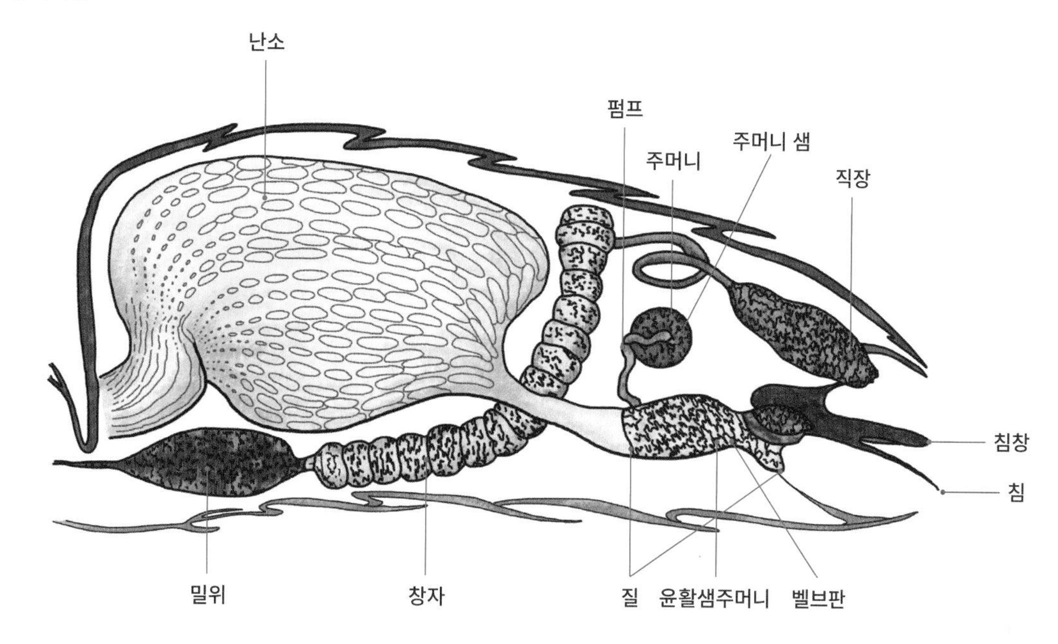

<그림2-29> 여왕벌의 생식기관

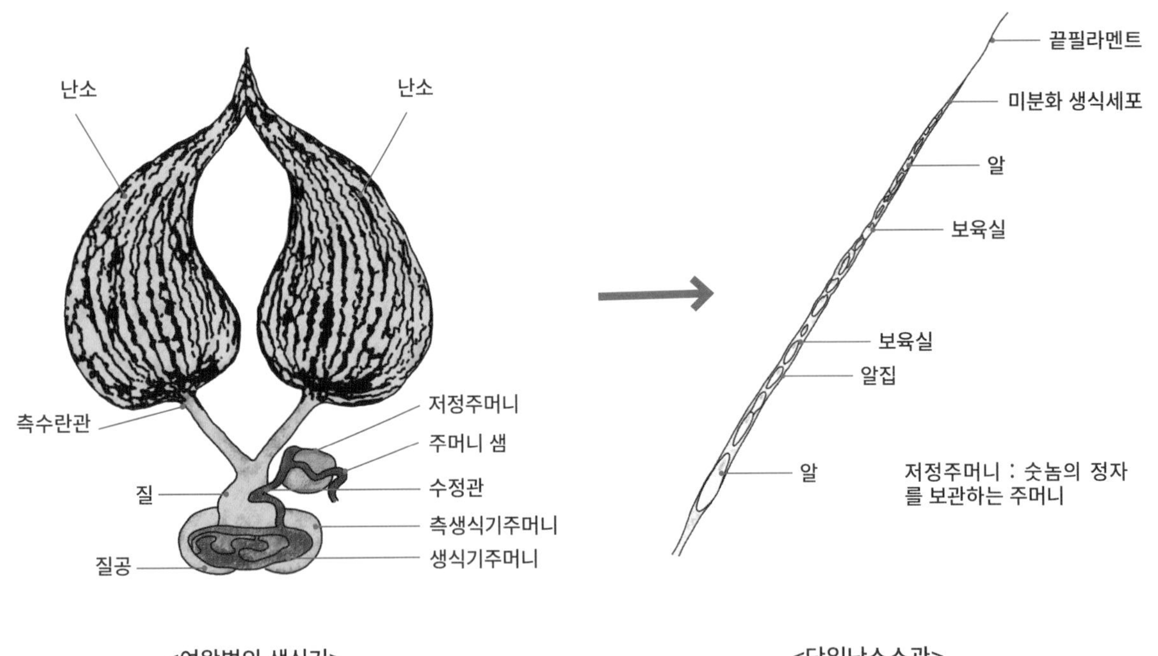

<그림2-30> 암놈 생식기

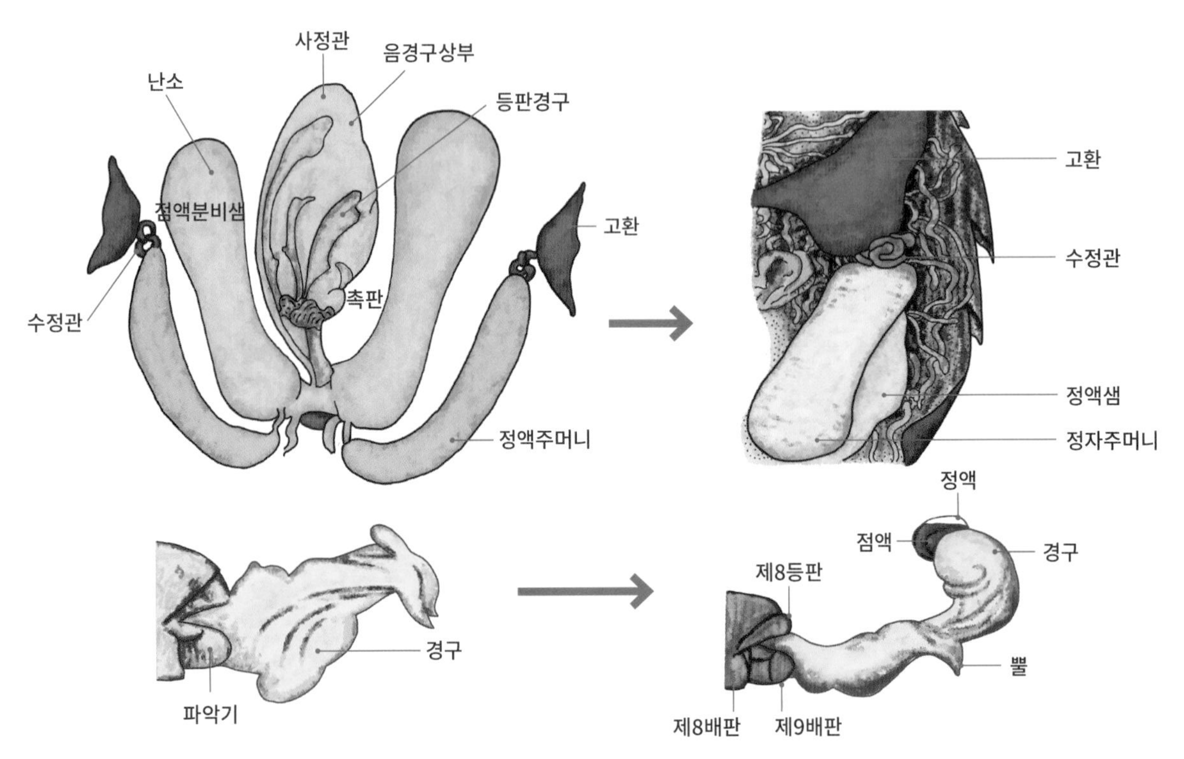

<그림2-31> 숫놈생식기의 세부 구조

03 꿀벌의 습성

(1) 무한한 종족보존력

4천만 년 전부터 현재까지 생존하며 지속적으로 진화

(2) 1군 1왕 군집사회생활

군집 생존을 위한 계급 분업생활 (여왕, 일벌, 수벌)

(3) 귀소성

약 2km 이내에서 행동하며 반드시 귀소

(4) 집단단체성과 둥지사랑

자기들의 생활 둥지를 위해 절대협력과 애착

(5) 배타성과 융화성

자기 벌통 내 군집생활에 충실하며 어떠한 타 군집의 접근을 불허

<표2-6> 꿀벌의 형태적 관찰요령

부위	장소	관찰 및 도해
머리	눈	복안 (암수) 단안 (3개)
	안테나, 입 틀	마디수 (암수) 주둥이 (혀길이)(암수)
가슴	날개	주맥지수 (앞날개) 날개걸이 (뒷날개) 더듬이 청소기 (앞다리)
	뒷다리	화분통 (바구니) (뒷다리 종아리마디) 화분채취갈퀴 (뒷다리 종아리마디 끝부분) 꽃가루압착기 (뒷다리 밑발마디)
복부	등, 침	색띠 모양, 나소노프샘 침 모양, 독 주머니

PART

03

꿀벌과 양봉

꿀벌의 생태, 생리, 유전

PART

03
꿀벌의 생태, 생리, 유전

01 벌통(봉군)의 기본구성과 생활

1. 여왕벌(Queen)

(1) 임무

① 벌통당 1마리

② 하루에 1,500~2,000개 산란

③ 일벌의 난소발육억제

④ 수벌유인

⑤ 일벌의 외부활동자극

⑥ 일벌집단의 안정적유지

(2) 왕대형성

① 자연왕대 : 기온이 좋고 먹이가 충분할 때에 자연적으로 봉군이 증식하여 자연적으로 분봉이 이루어질 때 소비광의 측면이나 밑부분에 아랫쪽을 향해 일벌집보다 5~6배 크게 만들어짐 (분봉왕대)

② 변성왕대 : 여왕벌이 망실되었거나 인위적으로 제거했을 경우 일벌은 3일 이내의 부화유충을 선정하여 유충방을 확장개조하여 만듬 (비상왕대)

2. 일벌(Worker)

① 벌통 내 실질적 유지집단

② 통당 약 25,000~35,000마리

③ 방화활동 (먹이수집저장)

3. 수벌(Drone)

① 무정란에서 태어남

② 벌통당 수십 마리 ~ 약 300마리

③ 출방 후 10일이 지나야 교미능력 생김 (공중교미)

02 꿀벌의 발육과 일생

<표3-1> 꿀벌의 발육 과정

이충시기 시간		여왕벌	일벌	수벌
형 태		- 크고 복부가 길다 - 날개가 몸집에 비해 짧다 - 특수한 벌침 (여러 번 사용)	- 민첩하고 비행에 적합 - 벌침은 일회용	- 크고 뭉뚝하며 벌침이 없다.
무 리 수 (마리)		1	30,000~60,000	300~3,000
임 무		- 산란, 2,000개/일 년간15~20만 개 - 교미 후 2~3일째 산란	- 소비건축 - 꽃꿀, 화분수집저장 (40~50회) - 유충보육, 여왕벌수종 - 벌통내환기, 보온유지, 청소 - 외적방어	- 처녀여왕벌과 교미 (수 분~30분 정도) - 출방 후 12~14일 사이
발육기간 (일)	알	3 (수정란)	3 (수정란)	3 (무정란)
	유충	5.5 - 일벌방에서 왕대로 옮김 - 로열젤리 급이	6	6.5
	알~봉개	8	8	10
	번데기	7.5	12	14.5
알~출방(일)		16	21	24
출방후 (일)		6일후 결혼비행 외출	3~4일간 벌통 내에서 방화활동준비	분봉 전, 분봉열 발생 시 최대
생존기간 (수명)		- 3~4년 - 보통 1~2년 내 갱신	- 유밀기 : 1~2개월 (평균 40일 정도) - 무밀기 : 4~5개월	- 보통 1~2개월 (3~4개월)

<표3-2> 일령에 따른 일벌의 임무변화

일 령	임무내용	임무단계
형 태	1. 먹이 공급 받음	보살핌 받음
2~4일 3~5일	2. 벌방 청소 3. 어린벌방 봉개	벌방 청소 및 봉개작업
3~10일 6~12일	4. 새끼 돌보기 5. 여왕 돌보기	가족 돌보기 (새끼, 여왕벌) 로열젤리 분비 공급 (6~13일령)
10~17일 11~15일 12~18일 15~17일	6. 청소 꽃꿀, 화분, 프로폴리스 수납 및 저장 7. 집짓기 8. 환기, 보온, 갈라진 틈 땜질 보수	벌집청소 먹이수납 및 저장 집짓기 (밀랍 분비 12~18일령) 벌통내부관리
18~20일 21일~	9. 외적 방어보초 10. 방화활동개시	외부활동업무 소문보초 먹이수집활동 (약 3~4주간)

<표3-3> 일벌, 여왕벌, 수벌등의 특성비교

	구분	일벌	여왕벌	수벌
차이점	1군의 무리수	20,000 ~ 50,000	1	500 ~ 3,000
	주요임무	벌통 내외 모든 일	산란	교미
	소방크기/수(10㎠)	작다 (82~85)	크다(1군 1개)	중간 (50~54)
	소방의 위치	중앙부	아래쪽	아래쪽/윗쪽
	먹이 공급	봉개 전까지	유충,성충 모두 로열젤리	봉개 전까지
	염색체수	2n=32	2n=32	n=16
크기 (성충)	체격	소형	대형	중간
	체중 (mg)	80~130	170~250	160~280
	수명	평균40일 유밀기 1-2달, 무밀기 4-5달	3~5년 (갱신 1~2)	보통1~2개월 (3~4개월)
머리	뇌	비교적 크다	작다	크다
	촉각	비교적 크다	짧다,작다	크다
	안면	삼각형	원형	원형, 복안발달
	혀길이(mm)	3.03~4.3	1.2~2.6	3.02~4.6
	큰턱선	Pheromone분비 (16~20일령)	일벌집단행동조절물질 (9-옥소디시노익산 분비)	흔적
	하인두샘	로열젤리 분비	퇴화	없다
다리	촉각소제기	앞다리 (밑발마디기부)	없다	발달
	화분채집장치	뒷다리 (경절~밑발마디)	없다	없다
복부	밀랍분비샘	3~6절 (10~18일령)	없다	없다
	향분비샘	7절 등판 앞 (나소노푸선)	없다	없다
	밀위	있다	없다	없다
	저장낭	퇴화	있다	없다
독침		수직, 이탈 (사망)	하향, 재사용 가능	없다
발육 기간	알	3 (수정란)	3 (수정란)	3 (무정란)
	유충	6	6	7
	번데기	12	7	14
	알 봉개	9	9	11
	알 출방	21	16	24

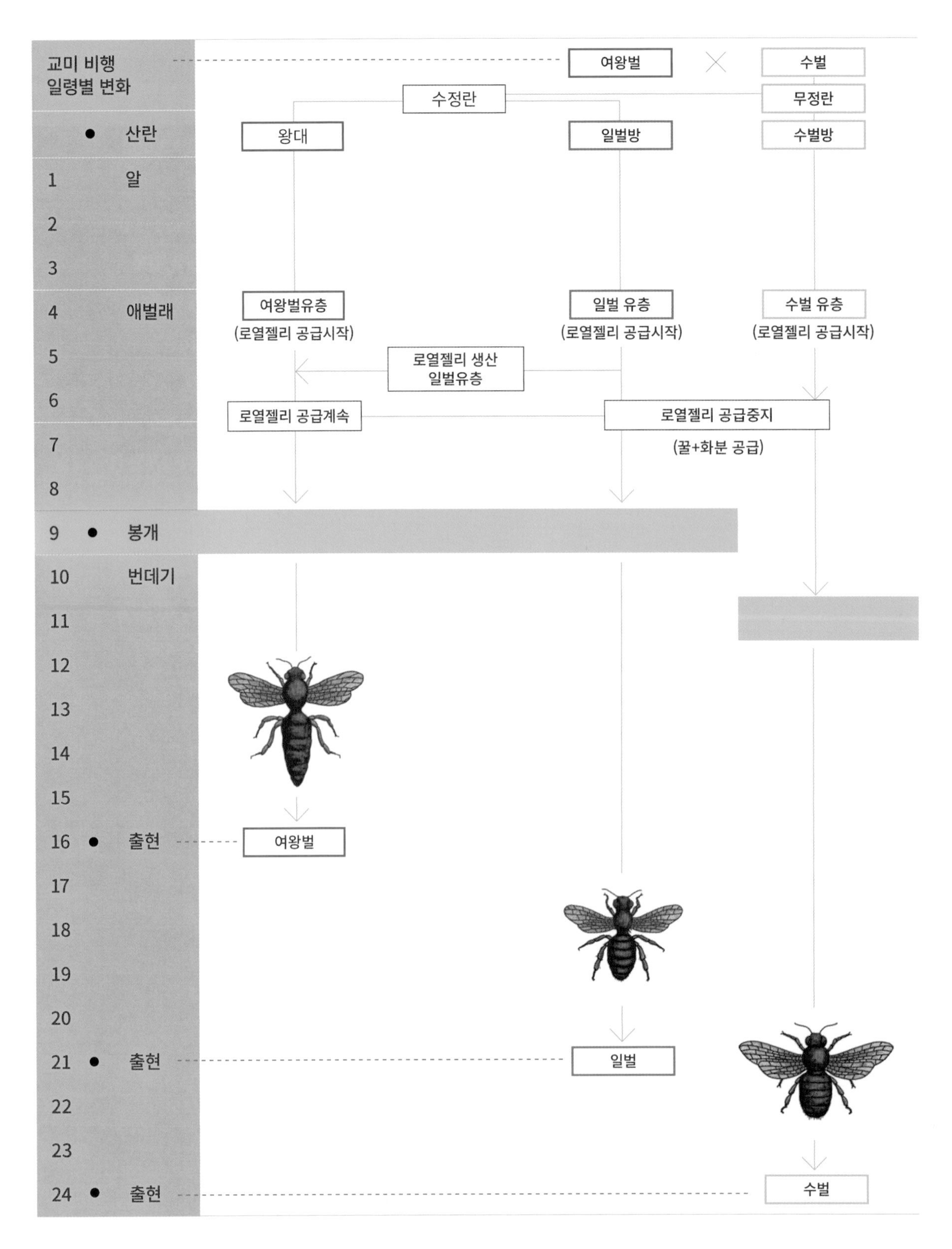

<그림3-1> 꿀벌의 탄생과정과 먹이 공급 비교

<그림3-2> 여왕벌, 일벌, 수벌 꿀벌의 생활사

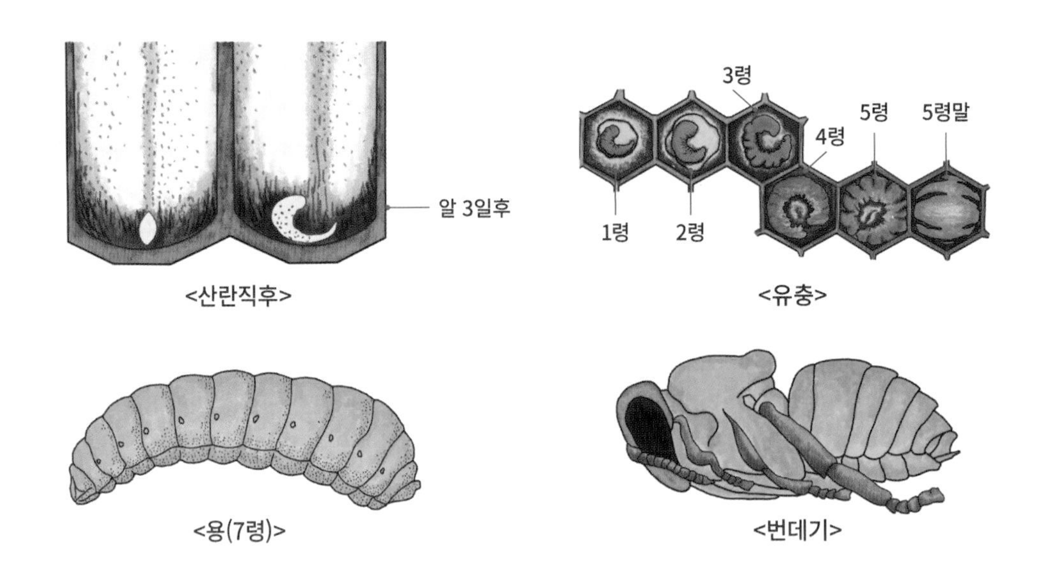

<그림3-3> 알에서부터 번데기까지의 발육과정

03 꿀벌의 활동

(1) 벌집짓기

① 출방 12~18일령 밀랍 분비 왕성

② 33~37℃ 분비 적정온도

③ 약 6,400개 일벌방 축조 (양면)

④ 일벌방수 : 1cm^2 당 약 4개

⑤ 일벌무게 : 약 0.1g (1kg = 약 10,000개)

<일벌의 집짓기>

(2) 어린벌 양성

① 여왕벌은 매일 약 1,500개의 알을 산란

② 출방 후 3~10일된 일벌이 담당

③ 부화 후 3일간은 모두 로열젤리 공급

④ 여왕벌유충은 계속 공급, 다른 벌들은 꿀과 화분을 급여

(3) 프로폴리스 수집

① 각종 식물의 눈, 잎, 줄기에서 채집한 수지와 밀랍을 섞어서 집을 짓는다.

② 동양종은 밀랍만으로 집을 짓기 때문에 집이 잘 부서짐

<벌통 내부에 채집된 프로폴리스>

(4) 꽃꿀과 화분수집 : 하루 약 600송이 꽃 방문 / 꽃당 약 3~4분 소요

① 꽃꿀 (nectar)

ⓐ 일벌은 30~50mg을 밀낭에 넣어 운반 (수분 55%함유)

ⓑ 1일 평균 40~50회 출역 (밀원 풍부한 경우)

ⓒ 채집된 꽃꿀은 침샘에서 분비되는 효소 (invertase)의 밀위작업으로 수분은 약 20% 정도로 건조되어 저장됨

② 화분 (pollen)

ⓐ 각종 꽃으로부터 수집된 꽃가루는 뒷다리 종아리마디에 있는 화분 바구니에 담아서 운반

ⓑ 1개의 꽃 방문 소요시간은 화분이 풍성 시, 약 4~5분 소요되며, 적을 시는 10~20분 소요됨.

(5) 물 운반

① 이른 봄 많은 양의 물 요구

② 유밀기에는 화밀과 같이 물이 들어오므로 거의 운반하지 않는다.

③ 오염된 물 운반 시 매우 위험하므로 봉장은 깨끗한 지역을 택할 것.

<깨끗한 물가에서 물 채취>

04 꿀벌의 언어 의사소통

(1) 행동, 생리 활성물질 분비 행동

① 촉각접촉 – 먹이 나눔 및 교환

② 날개 진동 – 페로몬분비샘의 냄새분비, 분봉 시 여왕벌의 날개 진동 소리

③ 기문의 개폐 – 온도 12℃ 기준으로 체내 가스교환, 활동행동 조절

④ 복부환절운동 – 야외 밀원의 장소, 거리 등을 알려줌

(2) 여왕벌, 일벌의 분비하는 물질과 역할

① 여왕벌

ⓐ 큰턱샘 : 지방산의 일종인 9–옥소디세노익산 (9–ODA)과 9–hydroxy denoic acid (9–HAD)이 포함된 물질

ⓑ 수벌유인, 일벌의 난소발육억제, 벌통 내 집단 안정유지로 통제됨

② 일벌

ⓐ 큰턱샘

· 10–hydroxy decenoic acid (10–HAD) : 화분의 부패 및 발아억제 항생물질

· 2–heptanone : 일벌유인 및 배척, 방어역할 또는 경보

ⓑ Nasonov샘

· 복부 6~7마디 사이에 위치

· geraniol, citral, norolic acid 등 함유

· 먹이나 물의 장소 포식, 자기집 표식, 분봉군 유인역할

ⓒ Koschenikov샘

· 벌침위의 제7절 사각근 윗부분에 위치

· isopentenyl acetate (IPA)등 라벤다향 물질 분비

· 경보와 방어역할 (외부 여왕벌 유입 시 공격)

(3) 일벌의춤

① 원무 (Round dance) : 밀원 거리가 90m 이내에 있을 때, 소비면에서 원을 그리면서 춤을 춰 외부활동벌들에게 밀원방향, 종류, 거리에 대한 정보를 알려줌

② 꼬리춤 (Tail–wagging–dance) : 새로운 밀원을 발견하고 밀원의 거리가 90m 이상일 때, 분당 약 40회 좌우로 흔들며 반원을 그리고, 멀수록 흔드는 횟수가 점차 감소하게 된다.

<그림3-4> 직접 접촉에 의한 먹이교환 (일벌)

① 원무 (Round dance)

밀원 거리가 90m 이내에 있을 때, 벌집면에서 원을 그리면서 춤을 춰 외부 활동벌들에게 밀원방향, 종류, 거리에 대한 정보를 알려줌

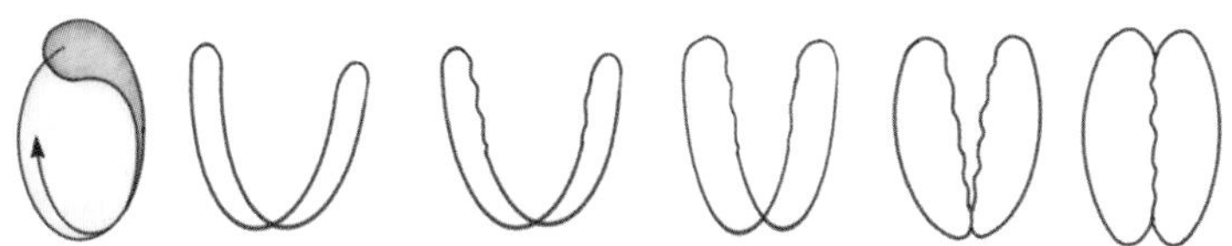

(1) 밀원이 벌통에서 태양을 향해 있을 때 → 춤의 방향이 위로 향한다.
(2) 밀원이 벌통의 반대쪽에 있을 때 → 춤의 방향이 밑으로 향한다.
(3) 밀원이 태양을 향해 있을 때 → 춤의 방향이 (각도) 중력의 방향과 일치.

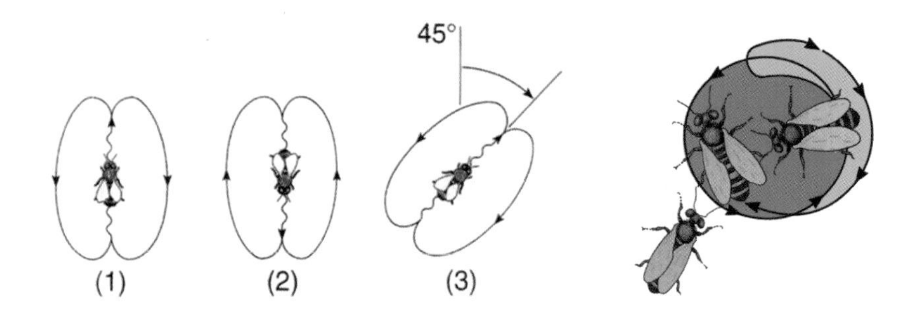

② 꼬리춤 (Tail-wagging-dance)

태양을 중심으로 꼬리를 흔드는 각도에 따라서 밀원의 방향을 알려주게 된다.

(거리가 90m 이상일 때   좌우로 40회 흔들며 반원을 그리고, 멀수록 흔드는 횟수가 점차 감소)

<Lewis 등 (2002)>

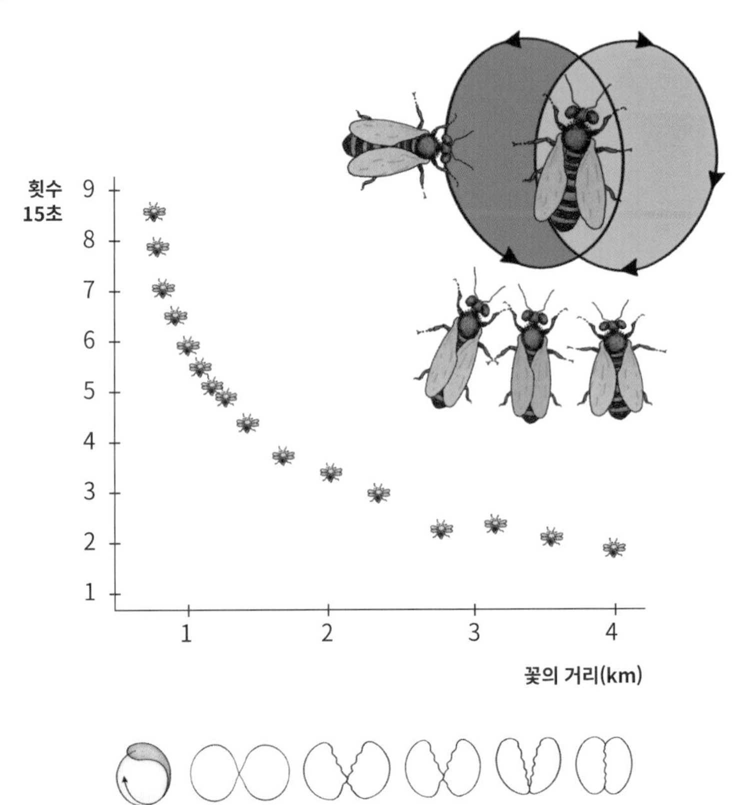

꿀벌의 언어 (대화방법)

- Karl von Frish (1886~1983) : 동물행동학자 (오스트리아)
- 노벨생리의학상 수상 (1973) : "꿀벌의 행동언어 해석 연구"
- The dance language and orientation of bees (1993) Havard Uinv.

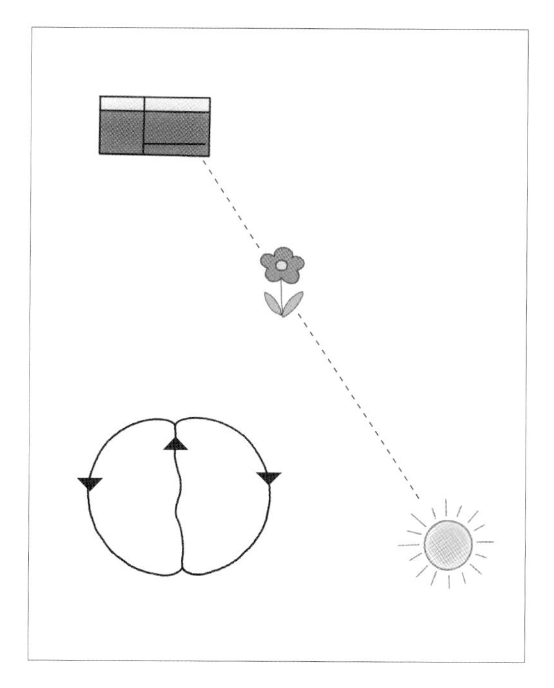

① 밀원이 태양을 향해 있을 때 춤의 방향이 중력의 방향과 일치

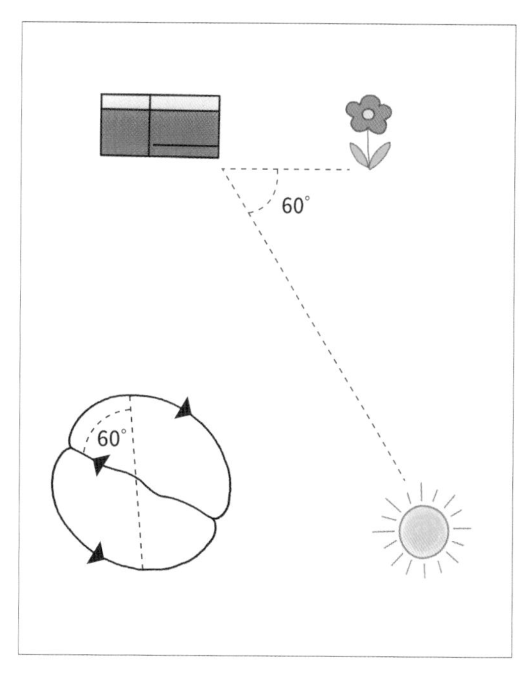

② 밀원이 벌통에서 태양을 향해 있을 때 춤의 방향이 위로 향한다

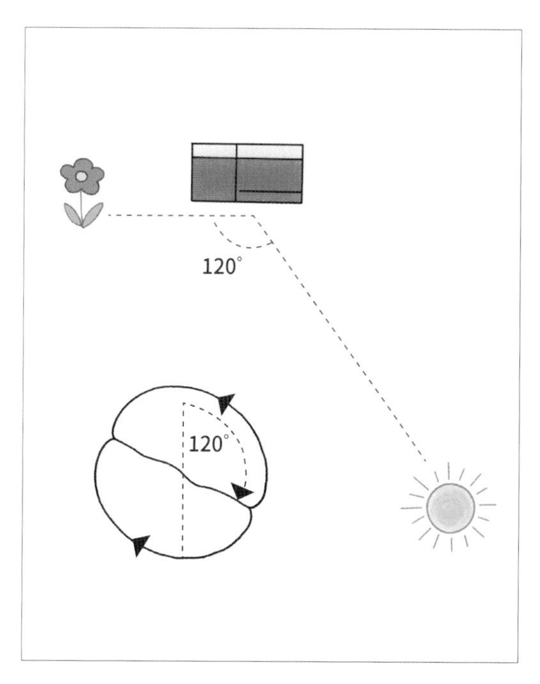

③ 밀원이 벌통의 반대쪽에 있을 때 춤의 방향이 밑으로 향한다.

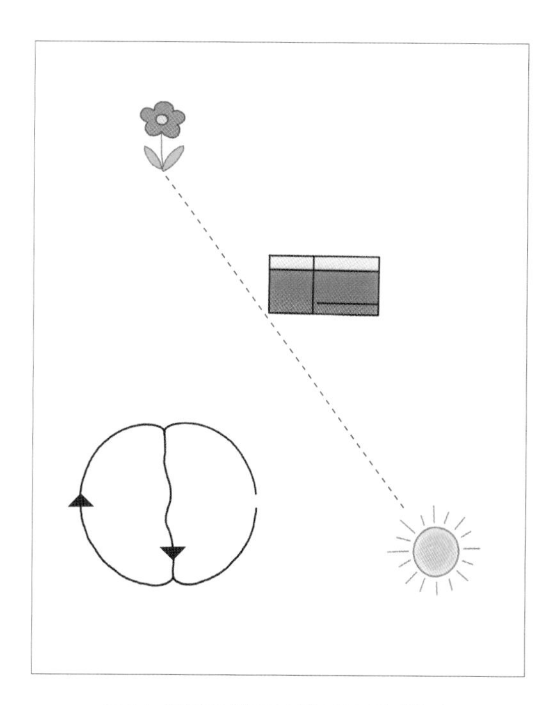

④ 즉, 밀원의 방향은 각도를 의미한다.

<그림3-5> 꿀벌의 방향감각

05 꿀벌의 생리유전

(1) 단위생식(Parthenogenesis)

비수정란 → 수벌 (n) = 반수체 (haploid), 수정란 → 일벌, 여왕벌 (2n) = 2배체 (diploid)

(2) 성의 결정

① 성결정 대립인자가 관여 (19개가 존재)

② 똑같은 유전인자가 2개인 경우, XaXa, XbXb 즉 동형접합 (homologygous)

③ 서로 다른 2종류의 대립인자인 경우, XaXb 즉 이형접합 (heterozygous)

④ 성결정 대립인자 즉 XaXb를 갖는 여왕벌의 경우에, Xa (n) 또는 Xb (n)을 갖는 수벌이 생산된다.

⑤ 수벌이 다시 XaXb의 유전자를 처녀왕벌과 수정될 경우,

- XaXb (2n)의 정상일벌이 생산
- XaXa 또는 XbXb의 유전자를 가진 알은 수벌이 생산되는데 부화하면서 곧바로 사망한다.

⑥ 근친교배가 계속될수록 수정란에서 수벌이 많은 비율로 발생한다. 따라서 봉군의 세력이 급격히 약화된다.

⑦ 우수한 품종을 육성보존하기 위해서 충분한 대립유전자 (봉군)를 확보해야 한다.

⑧ 유충 생존율 80% 이상 유지하려면 5개 이상의 봉군 (대립유전자)이 필요.

(3) 성결정 대립인자 수와 유충생존율

① 근친교배가 계속 이루어질 경우, 수정란 중에서 배수체 (n) 수벌발생률이 높아지고 봉군의 세력은 낮아지게 되며 이런 상태가 계속되면 결국 봉군은 도태되게 된다.

② 대립유전인자 수가 10개 이상일 경우와 2이하일 경우, 유충의 생존율은 90% 이상 높아지게 되는 반면에 3개의 경우, 66.7%, 그리고 2개일 경우, 50%로 낮아지게 된다. (Woyke 1976)

③ 특히 고립된 지역의 경우, 유충생존율이 극히 감소할수 있으므로 가능한 한 다른 유전자를 가진 봉군을 많이 확보하여 우량한 수벌이 계속 유지되도록 해야 한다.

<표3-4> 근친교배시에 배수체 수벌의 발생

여왕벌 (♀) Xa/Xb (성결정대립인자)	발 생
♂ Xa (n) Xa/Xa (동 형)	♂ (n,n) (부화직후 사망)
Xa/Xb (이 형)	♀ (2n) (일벌 or 여왕벌) (정상생존)
♂ Xb (n) Xa/Xb (이 형)	♀ (2n) (일벌 or 여왕벌) (정상생존)
Xb/Xb (동 형)	♂ (n,n) (부화직후 사망)

<표3-5> 우성인자 (C)와 열성인자 (c) 색깔을 가진 벌의 교배에 의해 나타날 색깔의 확률

여왕의 유전자	숫놈의 유전자	자손의 유전자 (유전형)		자손의 유전자 (표현형)	
		암	수	암	수
CC	C	100% CC	100% C	100%정상	100%정상
Cc	C	50% CC 50% Cc	50% C 50% c	100%정상	50%정상 50%열성
cc	C	100% Cc	100% c	100%정상	100%열성
CC	c	100% Cc	100% C	100%정상	100%정상
Cc	c	50% Cc 50% cc	50% C 50%c	50%정상 50%열성	50%정상 50%열성
cc	c	100%cc	100%c	100%열성	100%열성

<표3-6> 꿀벌의 성결정 대립인자수와 유충생존율과의 관계

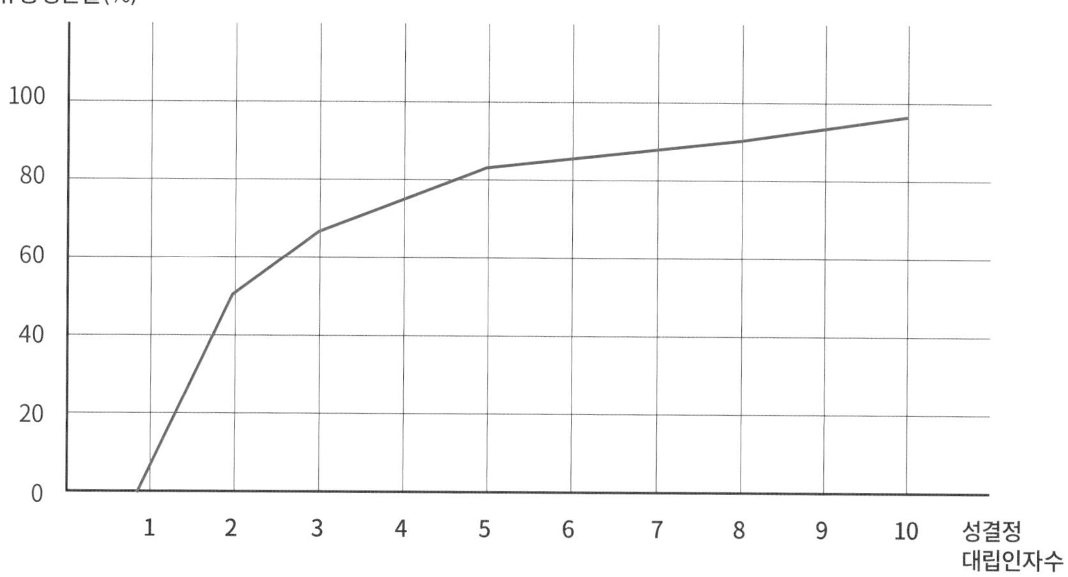

PART

04

꿀벌과 양봉

밀원식물의 종류와 특성

PART

04 밀원식물의 종류와 특성

01 밀원식물의 종류와 조건

1. 정의

자연에 분포하고 있는 각종 식물의 꽃에서 생산되는 꽃꿀 (화밀. necter)이나 화분 (pollen)과 같이 꿀벌의 기본식량자원이 되는 식물류를 말한다.

2. 종류

① 전 세계에 분포하는 식물의 종류 : 약 35만 종

② 이중 꽃이 피는 식물 (현화식물)의 종류 : 약 25만 종 (71.4%)

③ 우리나라에 분포하고 있는 식물의 종류 : 약 4,600종

- 식 용 : 850종 (18%)
- 약 용 : 1,070종 (23%) – 실제 사용 약 260여 종
- 목초용 : 1,100종 (24%)
- 기 타 : 1,600종 (35%)

④ 우리나라의 밀원식물 자원수 : 총 555종 (2006. 유장발)

- 주요 밀원자원식물 : 140여 종 (특성, 생태사진도감 발행)(2006. 한국양봉협회) (2012, 국립농업과학원)
- 화분원 식물 : 52종
- 유망 기능성 밀원식물 : 헛개나무, 음나무, 복분자딸기, 마가목, 황칠나무, 오갈피나무, 산수유, 두릅나무, 옻나무, 붉나무, 아까시나무

3. 밀원식물의 이상적인 조건과 개발

① 꽃의 수가 많을 것

② 양질의 꿀 (화분)을 많이 생산할 것

③ 꿀벌활동 시간대에 개화되고 개화기간이 길 것

④ 꿀벌이 쉽게 수밀할 수 있는 꽃의 구조 (화통, 화기)

⑤ 꽃꿀의 분비 시간대와 꿀벌의 방화활동 시간과 일치할 것

⑥ 연중 벌꿀 생산이 지속될 수 있도록 다양한 밀원 수 개발계획 필요

02 밀원식물의 생리, 생태조건과 화밀 분비

1. 개화시기 및 개화량 예측 시스템 개발활용 (예 : 개화등선도)

① 기상조건　② 온도 (강우, 강습)　③ 일조량

2. 꽃꿀의 분비기능 및 요인

① 꽃가루가 성숙 단계에서 꽃꿀이 가장 많이 분비

② 화밀의 분비량과 당도는 밀원식물의 종류, 나이, 꽃의 일령과 위치, 그리고 기상상태 (일조량, 온도습도, 강우, 토양 등의 조건)에 따라서 달라짐

03 우리나라의 꽃, 꽃 식물과 화분식물

<표4-1> 개화시기별 우리나라의 주요 밀원수종

개화시기	교목 류	소교목 류	관 목
3월	동백나무, 오리나무	사스레피나무, 화양목, 매실나무, 자두나무	진달래, 생강나무
4월	왕벚, 산벗나무, 마가목, 산수유, 고로쇠나무		산딸기, 복분자
5월	아까시나무, 층층나무, 칠엽수, 오동나무, 백합나무, 대추나무	때죽나무	쪽재비싸리, 찔래나무, 말발도리, 쥐똥나무
6월	밤나무, 헛개나무, 감나무, 피나무, 황벽나무, 산딸나무, 옻나무		조록싸리
7월	황칠나무, 가죽나무	모감주나무, 좀목형	참싸리
8월	음나무, 다릅나무, 화화나무	두릅나무	
9월		붉나무, 산초나무	
10월		차나무	

<표4-2> 밀원수 식재 보급 - 산림청 유휴토지 조림 수종

분 류	권장수종
산지과수 수종	밤나무, 호두나무, 감나무, 매실나무, 자구나무
약용수종	오미자, 오가피, 산수유, 두충, 헛개나무, 음나무, 참죽나무
조경수종	은행나무, 느티나무, 복자기, 마가목, 벚나무, 층층나무, 매자나무, 화살나무, 당단풍, 산딸나무, 쪽동백, 이팝나무, 채진목, 때죽, 가죽나무, 낙우송, 회화나무, 칠엽수, 향나무, 꽝꽝나무
특용수종	옻나무, 다릅나무, 쉬나무, 두충나무, 두릅나무, 단풍나무, 고로쇠, 느릅나무, 동백나무, 황칠나무, 후박나무

<표4-3> 밀원수 식재 현황

수 종	식재면적 (ha) (본수)	
	2010	2011
백합나무	2,402 (4,861)	4,583 (11,257)
산벗나무	432 (554)	516 (602)
헛개나무	376 (190)	405 (910)
밤나무	242 (165)	168 (72)
옻나무	221 (514)	136 (316)
음나무	94 (119)	77 (130)
황칠나무	55 (143)	73 (166)
동백나무	26 (10)	50 (38)
산딸나무	15 (13)	24 (23)
마가목	10 (19)	8 (16)
기타 (4종)	-	-
계 14종	3,895 (7,152)	6,047 (13,534)

<표4-4> 주요 기능성 밀원식물

나무명	분포	개화	재배	유효성분 및 효능
헛개나무 (*Hovenia dulcis*) (갈매나무과) 낙엽관목	중부이남 50~800m 산 계곡	6월중 ~ 7월중	·적지 : 토심 깊고, 비옥, 배수양호 사질토양 ·증식 : 삽목, 접목 ·묘목 : 종자 발아 후 세척, 농황산 처리 후 세척, 5주간 3~4°C 습식 보존 후 락스 20% 3~5분간 세척, 발아율 90% ·과병 : 실생묘 - 7~8년, 접목묘 - 3~4년 ·묘목 : 1,500~2,000본/ha	<성분> Hoduloside I-V Hovenine Hovenosid D, G, I <효능> 숙취해소, 알코올성 간질환 간해독작용, 혈당강하작용

음나무 (*Kalopanax Pictus*) (드릅나무과) 낙엽활엽관목	동북아지방 군집성, 핵과 높이 30m ×직격 1.8m	7월하 ~ 8월중	· 종자 : 발아율 낮다 (습사에 저장) GA3, 1,000ppm 30분 처리 가을파종 (다음해 82% 발아)	<성분> Rutin (새순), Saponin Flavonoid(Quercetin, Hyperin), Alkaloid, Phenol <효능> 풍습제거, 경락소통 항진균/살충작용 신경통, 관절염, 해열제
복분자딸기 (*Robus coreanus*) (장미과) 낙엽활엽교목	우리나라 토종나무딸기 전북(고창, 정읍) 전세계 600여 종 중 한국 17종 분포	6월초 ~ 중하	· 증식 : 종자노천매장, 근삽	<성분> Ellagic acid (항산화항암물질) <효능> 강장, 강정제 (신기부족)
마가목 (*Sorbus commixta*) (장미과) 낙엽활엽교목	한국, 중국, 일본 500~1,200m 심산 분포	5월하 ~ 6월초	· 성장 : 6~8m · 양묘 : 가을에 채종 모래와 1:3 비율로 섞어 2년간 노천매장 후 파종 2년 후, 정원수로도 좋다 · 이식 : 음지식물	<성분> Sorbitol, Flavonoid (혈관벽보호) <효능> 신경통 (열매) : 차, 술 신장보호 (껍질) 간지질저하 (과실) (콜레스테롤 저하)
밤나무 (*Castania crenata*) (참나무과) 낙엽교목	우리나라 산간지역	6월 ~	· 번식 : 접목, 30°C 이상 시 꿀 분비 양호	<성분> Tannin <효능> 황산화작용 (노화방지, 성인병 예방)
약밤나무 (*Castania bungena*)			· 특성 : 밤이 작고 속껍질이 쉽게 벗겨짐	<효능> 소염, 수렴, 지사
달맞이꽃 (*Oenothera odorata*) (바늘꽃과)	칠레원산 귀화식물	7~9월 5~6개씩 모여 오전에 만 개화	· 성장 : 30~100cm (2년초식물)	<성분> <효과> 열매기름 : 고혈압, 동맥경화 다이어트
아카시나무 (*Robinia psedoacaca*) (콩과) 낙엽교목	<원산지> 북아메리카 전국 분포	5월	· 번식력 매우 강함 · 척박한 토양에 잘 자람	<성분> Abscisicacid <효능> Helicobacter pylori 균에 향균작용

옻나무 (*Rhus vemicilua*) (옻나무과) 낙엽교목	<원산지> 중국 <주산지> 강원영주 (생옻) 경남산청 (화칠)	6월 (황록색)	· 번식 : 종자 종피에 발아억제 물질이 있어서 약간 갈아서 심으면 효과	<성분> 우르시올 60% 함유 Taurourusdodeoxy acid(TUCDA)와 99%일치 우리나라 옻나무는 타국 옻나무보다 우르시올 함량이 약 10% 많다 <효능> [동의보감] 소장을 잘 통하게 하고 피로를 다스림 [본초강목] 만성위장병, 어혈제거, 혈액순환효과 항산화기능 항암치료효과 - "넥시아" (경희대 임상실험)
붉나무 (*Rhus chinenisis*) (옻나무과) 낙엽교목 붉은색낙엽단풍	원주, 양양 강릉지방	8월하 ~ 9월초 3년생 이후 개화	· 번식 [근삽] 이른봄 직경 1cm되는 나무의 뿌리를 10cm길이로 잘라서 습기가 있는 이끼에 7~10일 상온에 두어 하얀 눈이 나오면 심어 가을에 약 1m쯤 자라면 묘목을 심는다 [파종] 10월하순 핵과를 따서 과피를 제거 농황산에 1시간 열화 처리 가을에 파종 음지에서 말려 모래와 1:1 섞어 노천매장 후 이듬해 봄에 파종	<성분> 열매, 잎에서 소금을 얻을 수 있다. 목염 오미자진딧물 발행. - 약용으로 사용 <효능> [동의보감] 피부가 헐거나 버름이 생길 때, 고름, 진물을 낮게 함, 얼굴종기, 부인병 치료에 사용
오갈피나무 (*Acanthopanax sessiliflorus*) (드릅나무과) 낙엽관목	오가피나무 가시오가피나무 섬오가피 등 (제주도) 10여 종 전국분포	7월초 꽃에 꿀이 매우 많음	· 성장 : 4m 이상 성장 · 번식 : 자연발아 - 3%, 종자 전 처리시- 70~80% 발아 9월중순 까만 과육 제거 후 모래혼합 2년간 노천매장 (해가림)	<성분> Triterpenoid 배당체 (기관기능촉진역할) <효능> 허리통증, 신경통/관절염 배알이 (잎을 달여서) <이용> 잎차 (그늘에 말려서) 술 (뿌리, 껍질)
황칠나무 (*Dendropanax morbifera*) (드릅나무과) 상록활엽수	우리나라 특산식물 남부해안, 섬지방	7월초 ~ 9월하 11월 하순 (까만열매)	· 성장 : 15m 이상 성장 (추위약함) · 번식 : 파종, 삽목 10월하순 종자모래 배합 후 노천매장했다가 봄에 파종 80% 발아	<성분> 세스테르펜, 사포닌, 인식향산 <효능> 당뇨, 혈압, 간기능 개선 신경안정효과
드릅나무 (*Aralia elata*) (드릅나무과) 관목류	우리나라전역	8월하 ~ 9월초 무밀기에 효과 큼	· 성장: 3~4m 성장 · 번식: 가을종자채취 노천매장 다음해 파종 (5%발아) · 근삽: 봄에 뿌리를 10cm정도 땅에 묻고 한해 동안 키워서 식재	<성분> Hedegragenin Araloside, Saponin등 <효능> · 새순 : 종합항생제, 항암식품 · 껍질, 뿌리 : 신장염, 당뇨, 건위, 신경통, 발기부전

<표4-5> 우라나라의 주요 꽃꿀식물과 화분식물

꽃꿀식물						화분식물					
초본류	개화일		목본류	개화일		초본류	개화일		목본류	개화일	
	시기	기간		시기	기간		시기	기간		시기	기간
유채	4	20	산수유	3~4	10	무우 (장다리)	4~5	10	개암나무	3	10
자운영	4~5	20	왕벚나무	4	7	배추 (장다리)	4~5	10	오리나무	2~3	10
복분자딸기	5~6	10	산벗나무	4	10	달맞이꽃	7~8	30	동백나무	2~3	20
산딸기	5~6	10	아까시나무	5	10	참깨	7~8	20	산수유	3~4	10
토끼풀	6~7	30	밤나무	6	10	옥수수	7~8	10	매실나무	3~4	10
크로바	6~7	50	쥐똥나무	5~6	10	메밀	7~8	25	버드나무	4	10
해바라기	8	20	마가복	5~6	15	들깨	8~9	15	도토리나무	4~5	10
메밀	8~9	25	옷나무	5~6	7	율무	7~8	40	참나무류	4~5	7
들깨	8~9	10	때죽나무	5~6	7	해바라기	8~9	20	떡갈나무	4~5	10
향유	9	15	감나무	5~6	20	연백초	9~10	40	황매화	4~5	10
			헛개나무	6~7	7				쪽제비싸리	5~6	10
			황칠나무	6~7	30				찔레나무	5~6	7
			오갈피나무	6~8	30						
			모감주나무	6~8	15						
			가죽나무	6~8	7						
			두릅나무	7	25						
			쉬나무	7~8	30						
			좀목형	7~9	60						
			음나무	7~8	7						
			배롱나무	7~9	90						
			참싸리	8	25						
			붉나무	8~9	10						
			연백초	9~10	40						

유채 (*Brassica campestris subsp. Napus var.* 십자화과)

자운영 (*Astragalus sinicus*, 콩과)

메밀 (*Fagopyrum esculentum*, 여뀌과)

들깨 (*Perilla frutescens var. japonica*, 꿀풀과)

달맞이꽃 (*Oenothera odorata*, 바늘꽃과)

아카시나무 (*Robinia pseudoacacia*, 콩과)

참싸리 (*Lespedeza cyrtobotrya*, 콩과)

조록싸리 (*Lespedeza maximowiczii*, 콩과)

쪽제비싸리 (*Amorpha fruticosa*, 콩과)

전동싸리 (*Melilotus suaveolens*, 콩과)

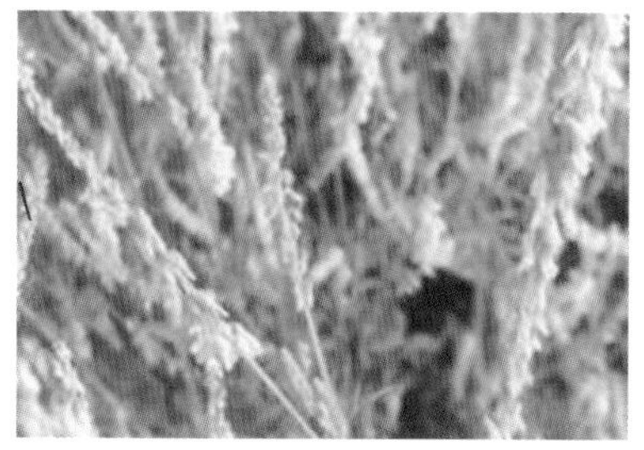

복분자딸기 (*Rubus coreanus*, 장미과)

명석딸기 (*Rubus parvifolius*, 장미과)

산딸기 (*Rubus crataegifolius*, 장미과)

신사나무 (*Crataegus pinnatifida*, 장미과)

왕벚나무 (*Prunus yedonensis*, 장미과)

산벚나무 (*Prunus sargentii*, 장미과)

마가목 (*Sorbus commixta*, 장미과)

밤나무 (*Castania crenata*, 참나무과)

헛개나무 (*Hovenia dulcis*, 갈매나무과)

가죽나무 (*Ailanthus altissima*, 소태나무과)

황칠나무 (*Dendropanax morbifera*, 드릅나무과)

오갈피나무 (*Acanthopanax sessiliflorus*, 드릅나무과)

음나무 (*Kalopanax pictus*, 드릅나무과)

두릅나무 (*Aralia elata*, 드릅나무과)

옷나무 (*Rhus vemicilus*, 옷나무과)

붉나무 (*Ruus chinesis* 옻나무과)

산수유 (*Comus officinalis*, 층층나무과)

좀목형(바이텍스) (*Vitex negundo var. incisa*, 마편초과)

피나무 (*Tilia amurensis*, 피나무과)

쉬나무 (*Evodia daniellii*, 운향과)

쥐똥나무 (*Ligustrum obtusifolium*, 물푸레나무과)

때죽나무(*Styrax japonica*, 때죽나무과)

모감주나무 (*Koelreuteria paniculata*, 무환자나무과)

백합나무 (*Liriodendron tulipifera*, 목련과)

PART

05

꿀벌과 양봉

꿀벌관리에 필요한 각종 기구

PART

05

꿀벌관리에 필요한 각종 기구

01 관리기구

1. 벌통 (소상)(Bee-hive)

〈라식벌통 (Langstroth, 1851) 원조〉

① 표준규격 (내부치수) : 가로 370㎜ × 세로 464㎜ × 깊이 242㎜

② 밑판 : 벌통몸체보다 3~5㎝ 앞으로 내서 착륙 판으로 사용

③ 벌문높이 : 0.9~1.0㎝ (길이는 필요에 따라서 조절할 수 있게 한다.)

④ 표준 소비 : 10매 들이

⑤ 활동적합간격 = 8mm

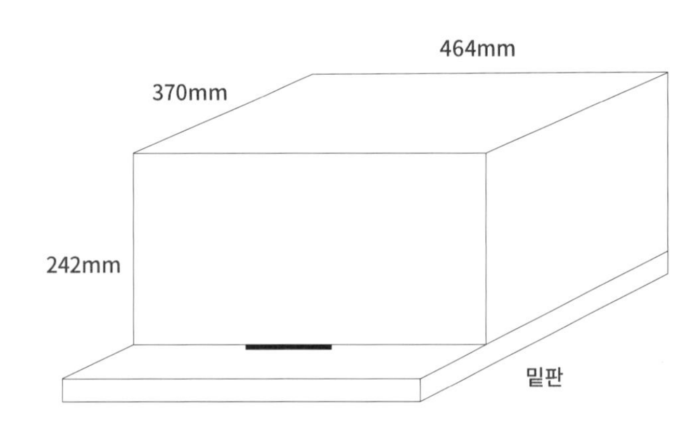

Rev.Lorenzo Lanstroth (1810~1895)
현대 벌통 "라식벌통" 개발의 원조 (매사추세츠 그린필드 제2회중교회 목사)

2. 벌집 (Bee comb) 또는 벌집틀 (Bee comb frame)

– 벌집틀에 기초벌집을 붙여서 만든 완성된 벌집틀

- 소비 (소초광)를 유밀기에 세력이 왕성한 봉군에 넣어주면 24시간 내에 벌집들이 모두 완성된다.
- 벌방수 소초 양면 합계 약 7,000개, 이중 산란 육아방 약 5,000개

(1) 벌집틀 (Comb frame)

소초를 붙혀서 벌이 집을 지을 수 있도록 나무로 만든 빈 틀

① 규격 : 상 483㎜ × 하 448㎜ × 측 232㎜

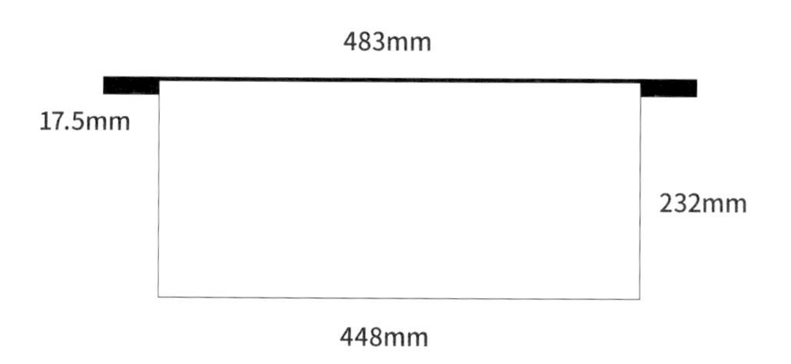

(2) 기초벌집 (소초)(Comb foundation)

밀랍을 얇게 펴서 벌집모형을 찍어 일벌들이 그 위에 집을 지을 수 있도록 만든 넓적한 밀랍판

·1857년 mehring (독): 인공소초 발명

(3) 기초벌집틀 (Comb foundation frame)

① 철선 (#22)을 옆 또는 밑으로 일정간격을 띄어 매고 그 위에 소초를 놓고 매선기를 사용하여 부착한 인공 빈벌집틀이다.

② 여름철 저밀 시에 밑으로 쳐지거나 흘러내리지 않도록 유지

3. 격리판 (Division board)

- 0.5㎜ 두께의 널판을 소비의 크기와 같게 만들어 벌통 내의 공간을 필요한 만큼 끼워 막아 사용하는 판
- 소비의 고정, 격리, 보온역할 등

4. 격왕판 (Queen excluder)

- 여왕벌이나 수벌의 접근을 막고 일벌만 통과하여 저밀활동을 충실히 할 수 있도록 0.5㎝ 간격을 띈 아연판 (철선)을 말한다.
- 여왕의 산란활동을 제한하는 역할
- 격왕판에는 수직격왕판 (단상용)과 평면격왕판 (계상용)이 있다.

5. 먹이공급기 (Feeder)

① 광식사양기 : 소비광 크기의 합판상자를 당액이 새지 않도록 만들어 파라핀용액에 담근 후 사용

② 소문사양기 : 네모상자에 혀끝을 달아 벌통 안으로 당액이 흘러 들어가 빨아 먹도록 한 것인데 외기 온도가 낮을 경우 얼 수도 있다

③ 자동사양기 : 사양탱크에 사양액을 저장하여 호스를 통해 벌통 안의 자동사양기 안으로 일정량의 사양액을 공급하여 유지시키는 장치

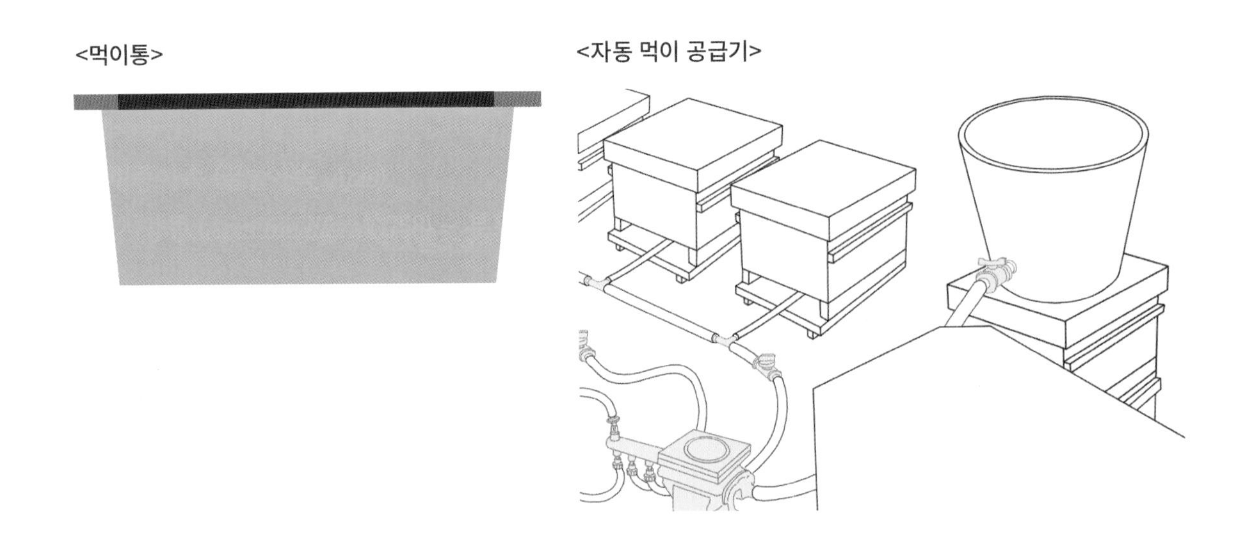

6. 합봉망

합봉 시 벌통 중간에 설치하는 격리판 크기의 망으로 상호간의 이동은 안 됨

7. 왕롱 (Queen cage)

여왕벌을 먼 곳으로 이동 시에 필요한 네모진 철망(프라스틱 망)으로 6×3×2.5cm 크기

8. 왕대보호기

철선을 코일식으로 감아 여왕을 보호하며 처녀왕을 무왕군에 넣어 여왕을 보호

9. 급수기

벌들에게 물을 공급하기 위해 제작된 사각 통

10. 이충기

로열젤리 생산 시 사용되는 이충용 수저.

여왕벌 생산 시 적기, 적시에 유충에 충격 없이 부화율을 낮추고 성장에 장애 없이 옮겨 생산을 높이 수 있는 장치.

02 봉군관찰용 기구

(1) 복면포 (bee veil) : 꿀벌 취급 시 벌에 쏘이지 않기 위하여 쓰는 그물주머니

(2) 훈연기 (smoker) : 꿀벌에 연기 (마른 쑥 등) 뿜어 꿀벌을 안정시켜주는 원통형의 함석통

(3) 하이브툴 (hive tool) : 벌통 내검시 벌통 내 소비광을 원활하게 움직일 수 있게 사용하는 소형 철제기구

(4) 밀도 (hive knife) : 벌꿀 채취 시에 밀랍을 자르는 칼

(5) 봉솔 (bee brush) : 내검 시, 벌꿀 채취 시에 소비에 붙어있는 일벌을 쓸어내리는 빳빳한 솔

(6) 탈봉기 (bee brushing machine) : 봉솔질이 필요 없이 소초광을 기계에 넣어 탈봉시켜 노동력을 절감

03 꿀벌 사육봉장 및 시설

(1) 봉장시설 및 배치

사양봉사와 관리실 저온 저장실 (월동용), 창고 등 부대시설

(2) 봉사형태 및 규격

① 고착식 : 하우스형, 축사형 등, 일반 양봉사형 (일자형, 뒤쪽이 높게)

② 조립식 : 이동양봉업 종사자에게 편리

(3) 벌통의 배치 및 배열

① 배치 : 남쪽 방향 (꿀벌의 활동에 방해물이 없을 것)

② 배열 : 사양목적, 계절, 봉군 주위의 상황에 따라 단군 또는 양군으로 일자형, 장박형 등을 할 수 있다.

<벌집틀>

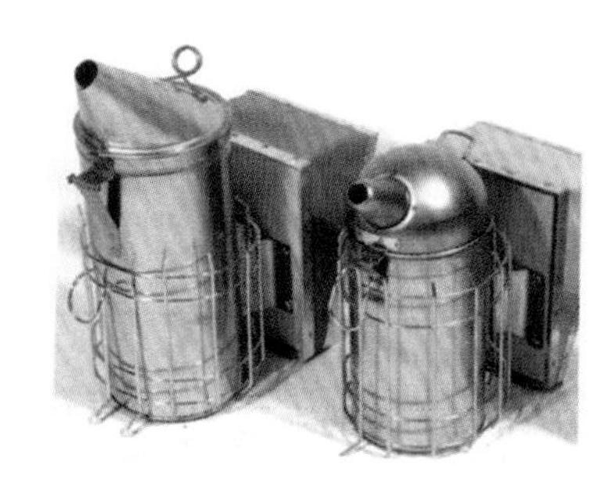

<훈연기>

<벌집기초판>

<벌통관리공구>

<격왕판>

<밀도>

<왕롱>

<봉솔>

<그림5-1> 벌통관리에 필요한 도구

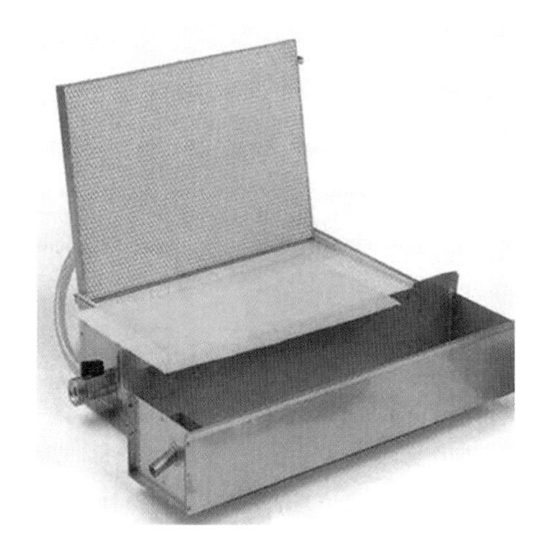

< 벌집기초판 제작 압착기 >

< 채밀기>

<벌집기초판 제작 롤러>

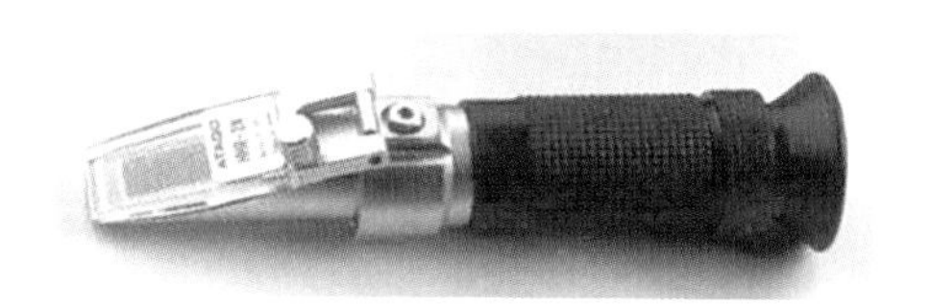

<당도측정기>

<화분채취기>

<봉개밀 제거갈퀴>

<그림5-2> 꿀벌산물 생산에 필요한 기구

PART

06

꿀벌과 양봉

양봉경영 기초기술

PART

06

양봉경영 기초기술

01 양봉착수를 위한 경영요소

1. 꿀벌의 생리, 생태습성 파악

극히 제한된 어둡고 통풍이 잘 안 되는 공간에서 수만 개체의 집단사회생활하는 특수환경을 이해, 꿀벌의 습성을 잘 파악하여 섬세하고도 체계적인 벌통관리요령 필요

2. 양봉장적지 선정을 위한 입지적 환경생태조건

① 수확물, 자재운반이 용이한 곳 (접근, 이동편리)

② 햇볕이 잘 들고, 깨끗한 물이 흐르고, 평탄하면서도 배수가 잘되는 청정지역일 것

③ 도로변, 공장지역, 하천지역 등 폐수가 흐르는 곳이나 논, 밭, 과수재배지역으로부터 농약살포로 인한 피해가 우려되는 곳은 피할 것

④ 풍부한 주밀원식물 (아카시아, 벚나무, 수유나무, 밤나무, 유채 등)이 꿀벌의 평상활동범위인 약 2km 내에 있고 무밀기인 7~8월에도 옥수수, 참깨, 들깨 등이 심겨 있는 곳

⑤ 포식자 (말벌, 들쥐 등)나 도난, 파손이 우려되지 않는 곳

3. 봉장의 벌통배치요령

① 봉장의 한정된 공간 내에서 주방화 활동방향 (소문방향)을 고려할 것

② 봉장관리에 적당한 통로를 확보 유지할 것

③ 벌통과 벌통 사이를 1~2m 간격을 두고 벌통을 식별할 수 있는 색깔 또는 번호를 부여한다.

4. 벌통의 구입요령

① 벌종류 (품종)에 따라서 활력, 수밀력, 분봉력, 내병충성, 월동력, 여왕벌산란력을 고려한다.

② 양봉 경영 목적에 따라서 봉군수를 결정

③ 구입시기는 월동전후에 따라서 차이가 크다. (월동을 마친 봉군 : 고가, 월동 전 : 저렴하나 월동을 시켜야 하는 부담)

이상적인 적지

부적지

<그림6-1> 양봉장의 이상적인 지역

1. 고정 양봉장

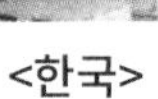

<한국> <유럽식> <독일식 양봉사_내부>

2. 이동형 양봉사

<이동양봉사> <계상형> <차량_유럽식>

<그림6-2> 양봉장 / 양봉사

02 양봉경영전략

(1) 목적 취미, 부업, 겸업, 전업

(2) 형태 고정양봉과 이동양봉

	고정양봉	이동양봉
규 모	취미 부업	겸업, 전업
채 밀	2~3회	수회
노력, 비용	적다	많다
생산, 소득	적다	많다
문 제 점	-	적지선정 곤란

(3) 규모 (평균 사양규모 기준)

취미 : 20군 내외

부업 : 50군 내외 (가계에 일부 도움)

겸업 : 100군 이상 (평균 가계생활유지)

전업 : 300군 이상 (생산물의 품목 다양 및 가공)

(4) 주력 생산 목표 및 판매전략

① 목표 (품목별 특화)

· 꿀 : 분리밀, 소밀, 벌꿀가미 식품 및 가공제품 생산

· 화분 : 건조포장, 건강식품화

· 로열젤리 : 생산 및 보존, 가공기술, 동결건조 (분말)

· 프로폴리스 : 유효성분 분리기술, 가공기술을 포함한 제품화

· 밀랍 : 소초, 공업원료, 화장품, 의약품 등 사용

· 벌독 : 채취 및 정제 가공기술, 의약품제조용

· 화분매개용 벌 : 시설하우스 (계획수정), 임대양봉

· 종봉 생산 : 우량종벌 (여왕벌) 생산 및 보급 (인공수정, 품종보존기술)

· 밀원식물 : 우수밀원묘목 생산 및 판매 (기능성 밀원식물)

② 판매전략

공동출하 : 공동생산 및 집하

공동판매 : 협동조직 위탁판매

브랜드화전략 : 상품전문화 및 다양화, 지역특성 브랜드화

PART
07

꿀벌과 양봉

봉군의 일반적인 취급 관리요령

PART

07 봉군의 일반적인 취급관리요령

01 봉군관리의 일반적 유의사항

① 충분한 먹이 공급

② 벌문, 벌통 주위의 활동생태 세심한 관찰

③ 꿀벌의 활동방해 행동, 소음, 충격, 냄새주의

④ 벌통은 오랫동안 열어 놓지 말 것

02 벌통관리사항 및 요령

(1) 외부관찰 (외검)

① 봉장 하늘에 수많은 벌들이 뱅뱅 도는 경우 → 분봉시작

② 벌문 출입벌수, 비행속도, 뒷다리 화분운반상태 → 밀원, 질병상태

③ 유난히 예민하거나 공격적일 때 → 먹이부족, 질병, 봉군노쇠

④ 유충을 밖으로 끌어내는 경우 → 저밀부족, 질병

⑤ 벌문 앞 싸우는 경우 → 도봉발생

⑥ 벌문 앞 신음현상 → 질병감염, 농약중독

(2) 내부관찰 (내검)

〈관찰요령〉

① 외부 관찰을 통해 얻은 정보를 기초로 벌통 내부를 정밀검사

② 반드시 따뜻한 날 11시~3시 사이에 실시

③ 매주 1~2회 실시

〈실시요령〉

① 봉군세력검사 (소비벌수 달관조사)

② 벌통 내 건습상태

③ 여왕벌 존재여부

④ 저밀과 화분저장상태

⑤ 여왕벌산란 및 육아 진행상태 (어린유충 생육권역)

⑥ 왕대형성확인 (번성왕대)

⑦ 질병감염 여부

⑧ 내검 결과에 따라서 봉군조절

(3) 어린벌의 발육권역

① 벌집의 중앙에 타원형의 형태로 여왕벌의 산란한 어린 유충들이 자라고 있는 즉, 산란 육아권이라 함.

② 유충 발육권 주위에 화분을 저장하는 벌집들이 있고.

③ 그 윗부분에 꿀을 저장하는 벌집들이 있다.

④ 계상벌의 경우 밑통이 유충을 양성하고 (봉아권), 윗통에 꿀을 저장하게 된다.

(4) 어린새끼벌의 수 계산 및 조건표

$$\pi \cdot \frac{a}{2} \cdot \frac{b}{2} \cdot 4 \times 2$$

π = 3.14169…. | a = 유충생육권역의 장경 | b = 유충생육권역의 단경 | 4 = 1cm2 당 벌집 내의 벌방수

2 = 벌집의 양면

<표7-1> 벌집면의 수 계산표

장경 단경	3	5	7.5	10	12.5	15	17.5	20	22.5	25	27.5	30	32.5	35	37.5	40
3	28	47	70	94	117	141	164	188	212	235	259	282	306	329	353	376
5	47	78	117	157	196	235	274	314	353	392	431	471	510	549	588	628
7.5	70	117	176	235	294	352	412	471	529	588	647	706	765	824	883	942
10	94	157	235	314	392	471	549	628	706	785	863	942	1,020	1,099	1,177	1,256
12.5	114	196	294	392	490	588	686	785	883	981	1,079	1,177	1,275	1,373	1,471	1,570
15	141	235	352	471	588	706	823	942	1,059	1,177	1,295	1,413	1,530	1,648	1,766	1,884
17.5	164	274	412	549	686	823	960	1,098	1,236	1,373	1,511	1,648	1,785	1,923	2,060	2,198
20	188	314	471	628	785	942	1,098	1,256	1,413	1,570	1,727	1,884	2,040	2,198	2,355	2,512

<분봉이동비상>

<도봉적과 방어>

<분봉군이 나무에 매달린 상태>

<벌집 앞 급수통>

<공통 안전급수통>

<그림7-1> 봉장 주위환경 관찰(외검)

<내검작업, 작업대>

<벌통받침대>

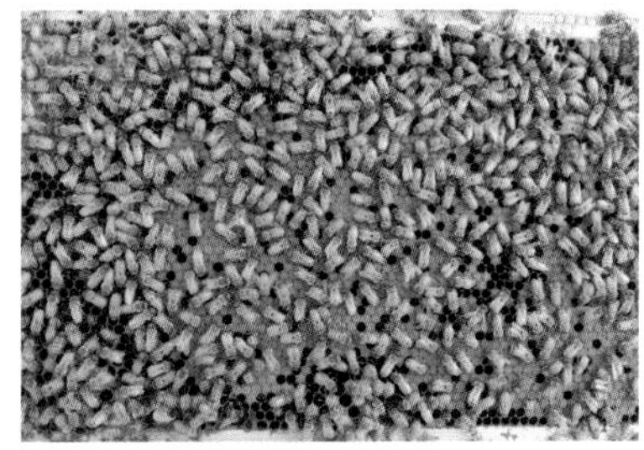

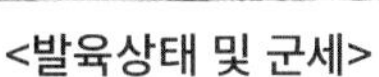

<발육상태 및 군세>

<여왕벌의 유무>

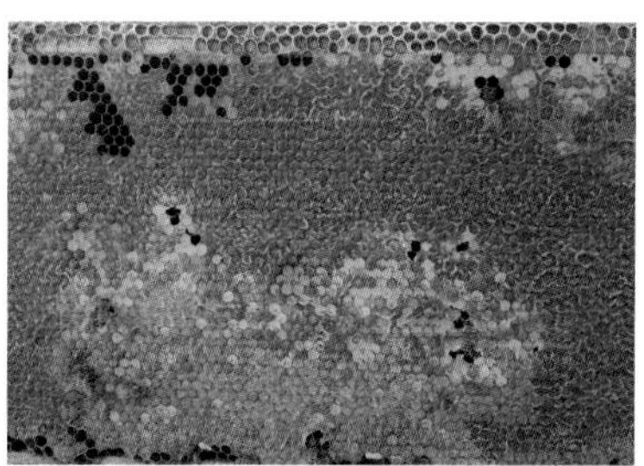

<꿀의 저밀상태>

<변성왕대_여왕벌 망실 경우>

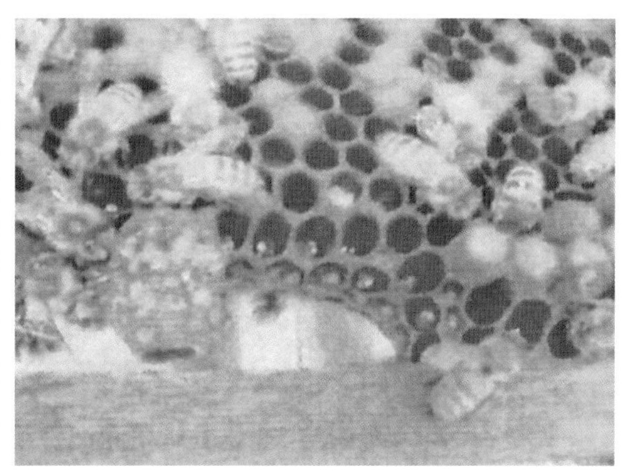

<갱신왕대 / 분봉왕대형성>

<수벌집 제거 및 밀랍>

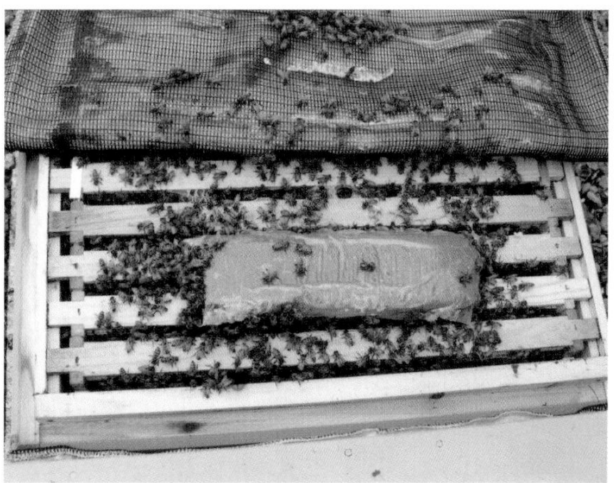

<적기에 화분떡 공급>

<그림7-2> 벌통내부관찰 점검(내검) I

A. 세균에 의한 병(부저병)

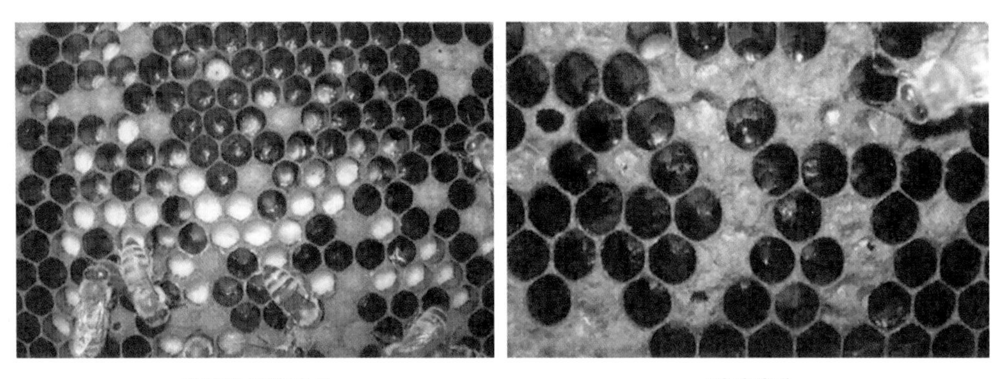

<애벌레 썩음증상> <폐기상태>

B. 곰팡이에 의한 병(백무병)

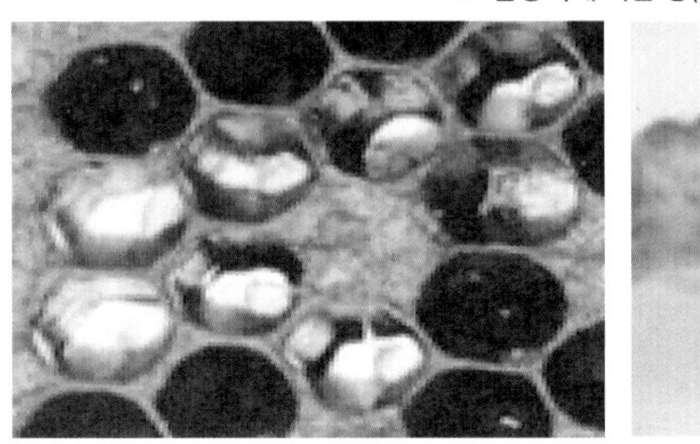

<감염된 유충>

<미이라상태>

<그림7-3> 벌통내부관찰 점검(내검) II

꿀벌응애 (기생성)

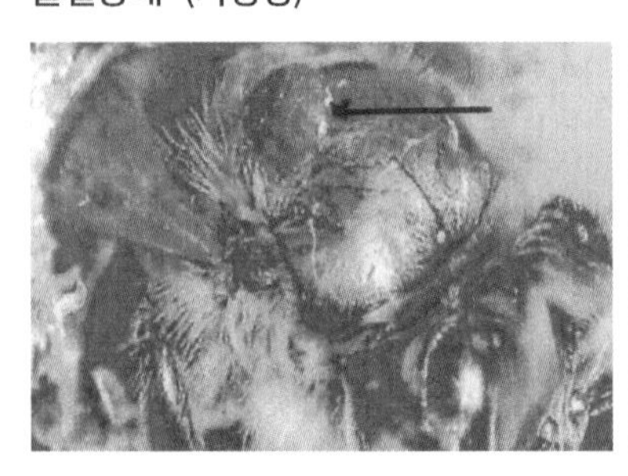

<성충>

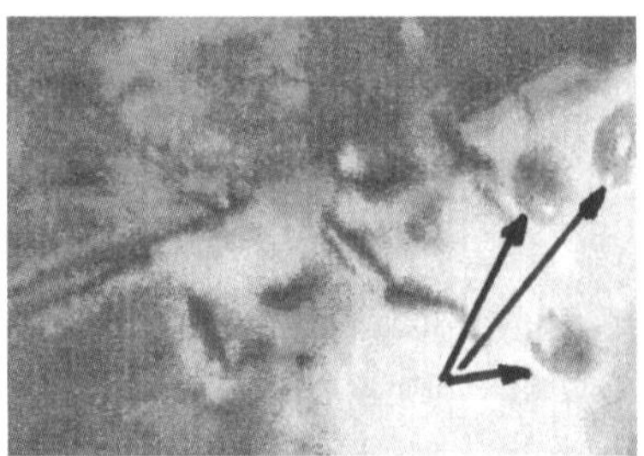

<유충>

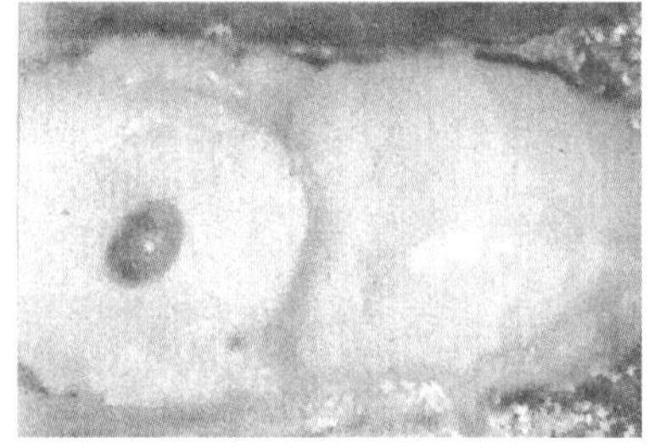

<번데기에 기생>

<그림7-4> 벌통내부관찰 점검(내검) III

(5) 먹이 공급 및 급수요령

① 당액

기아구제급이	활동자극 (산란)
월동 전후	이른봄, 여름, 가을산란촉진
물 : 설탕 1:1.5 ~ 1:1.2	물 : 설탕 1:1 ~ 1:1.5

② 화분

ⓐ 유충발육에 절대필요 (단백질성분)

ⓑ 이른봄 아카시아 꽃 유밀기이전, 무밀기, 월동전

ⓒ 자연화분 (건조)+당액=84.6%+수분15.6%+비타민

ⓓ 대용화분 (제조판매)

구분	분량 (kg)
자연화분	3
콩가루	3
우유가루	0.5
옥수수가루	0.5
꿀 / 설탕	2/4

<표7-5> 대용화분떡의 제조사례 (10통기준)

③ 급수

ⓐ 월동 후 봄철 유충발육시기

ⓑ 벌통 내 남은 꿀의 농도가 진함

ⓒ 깨끗한 물 (찬물은 피할 것)

03 여왕벌의 유입 및 관리

1. 유입 조건

① 여왕벌의 망실, 노쇠, 불구, 생리유전적인 이상으로 인한 발생의 경우

② 무왕상태가 오래 지속된 벌통은 새로운 여왕벌의 유입을 거부하는 현상초래

③ 여왕 유입 시 일벌들의 공격이 있을 시에는 꿀물을 일벌들에게 분무하고 2~3일간 안정시킨 후 시도

④ 처녀왕 유입 시는 출방 3일 이내의 것을 택할 것

⑤ 산란신왕 유입 시에는 산란 9일 이상이 된 것

⑥ 구왕을 유입할 경우 번성왕대의 출현시기에 맞추어 유입시도

2. 유입시기

① 날씨가 좋고 밀원이 풍부한 유밀기에 실시

② 도봉현상이 없고 주위의 환경이 안정적일 때

③ 왕대형성과 산란활동이 없는 약한 봉군일 때

3. 실시요령

(1) 직접 유입 방법

① 벌통간 여왕벌 이동방법 : 원 봉군에서 여왕벌이 있는 중간 벌집을 빼내고 무왕군에서 유충이 많은 벌집 1장을 편평하게 놓아 만나게 하여 원 벌집의 여왕벌이 무왕군의 벌집으로 이동해 가도록 한다.

② 벌집 사이에 유입시키는 방법 : 유입할 여왕벌 몸체에 꿀물을 묻혀서 무왕군 벌집 상단에 유입시킨 후 벌집 사이에 꿀물을 조금 흘려 보낸 후 덮개를 덮는다.

③ 벌 문으로 유입시키는 방법 : 정상적인 방화활동 시간대에 2~3장의 벌집을 빼내어 유입 여왕벌을 벌문 앞 발판 위에 벌을 털어놓아서 기어들어가게 함과 동시에 이때에 유입여왕벌을 놓아줘서 함께 자연스럽게 유입되도록 한다.

(2) 간접 유입 방법

① 훈연 유입법 : 해질 무렵에 훈연기로 벌통 안에 연기를 불어 넣어 여왕벌의 행동이 느슨해진 사이에 유입시키는 방법.

② 냄새 유입법 (무왕군의 일벌이 자신의 봉군 냄새를 구별하기 못하게 한다)

- 유입 전 1~2시간 전 냄새재료를 투입한다.
- 재료는 양파, 마늘, 부추 등 잘게 썰어서 사용.
- 저녁 무렵 여왕벌을 빼내고 무왕군의 벌문 앞에 놓아 스스로 들어가게 함.

③ 종이말이통 유입법 : 직경 2cm × 길이 10cm 종이말이 원통에 여왕벌을 넣고 입구를 봉한 다음 작은 구멍을 내어 벌집 통로에 걸어 두게 되면 여왕벌과 일벌의 냄새가 혼합되도록 하여 서로 친숙해져 자연스럽게 여왕벌이 종이를 뜯고 나오게 하는 방법이다.

(3) 처녀여왕벌 유입

① 직접 유입법 : 늦은 저녁 무왕군에서 한 장의 발육벌집을 꺼내서 방금 출방한 처녀여왕을 직접 벌집면에 놓아두면 1~2분 후 벌통 속으로 들어간다.

② 왕롱 이용법 : 잘 받아 들이지 않는 처녀여왕벌과 출방 후 1일 후의 처녀왕을 왕롱에 넣어 유입시킨다.

③ 왕대 유입법 : 성숙왕대를 무왕군으로 옮기면 처녀여왕이 출방 전에 일벌들이 왕대를 둘러싸게 되면서 자연스럽게 출방하여 유입된다.

04 봉군의 합봉요령

(1) 직접법

① 약한 봉군을 강한 봉군에 합봉

② 소문 앞에 털어놓는다

(2) 신문지법 : 10m(길이) × 5m(폭) 원통형 신문지 왕대를 사용

(3) 합봉망법 : 여왕벌 보호용 왕릉기 사용

(4) 훈연법 : 훈연기 사용 → 쑥 냄새로 인하여 여왕벌 냄새 둔화

05 봉군의 이동 및 관리요령

(1) 근거리 이동법 : 30~50cm씩 2~3일 간격 이동

(2) 원거리 이동법

① 2km이상 거리 이동 시

② 벌문을 닫고 안정된 후

③ 벌집을 철사로 고정

④ 환기가 잘 되도록 환기창을 열어줌

(3) 폐쇄법

① 암실 내 3~5일간 저장 후 (벌집 위치상실) 봉장에 배치

② 같은 봉장 2km 이내 이동 시

③ 환기유념

(4) 도착 후 관리

① 배치 완료 후 소문을 열 것

② 안정적응 후 수밀활동 시작

PART
08

꿀벌과 양봉

꿀벌 봉군관리 기술 I

PART

08
꿀벌 봉군관리 기술 I

01 분봉과 봉군의 관리요령

1. 분봉과 분봉열 (Swarming & swarming fever)

(1) 분봉

봄철수밀기 (5월경), 처녀여왕벌이 우화 출방하기 전에 어미여왕벌이 일부 일벌과 함께 벌통을 나와 새로운 분봉군을 형성하여 2개의 봉군으로 갈라져 집단이 증식하려는 습성을 분봉이라 하는데, 품종 또는 봉군의 세력에 따라서도 차이가 있다.

(2) 분봉열

여왕벌의 계속된 산란으로 인하여 점차 강한 봉군이 형성됨과 동시에 수벌도 많이 발생되어 나오면서 여러 개의 왕대를 짓고 봉개가 끝나면 분봉증상이 나타난다. 이때를 분봉열이 발생한다고 한다. 분봉열이 발생하면 활동 감소와 더불어 수밀력도 떨어진다.

2. 분봉 발생원인, 피해, 예방, 방지법

(1) 발생원인

① 품종의 유전적 형질의 특성.

② 여왕벌의 노쇠.

③ 많은 산란으로 인한 과밀도 초래.

④ 저밀방, 수벌방의 증가로 인한 산란공간의 부족 시.

⑤ 일령이 다른 일벌집단의 밀도 불균형 초래 시.

⑥ 육아작업이 지연되는 경우.

⑦ 각종 질병감염 경우.
⑧ 기후나 환기불순으로 인하여 소방 내의 외역벌들이 밀집될 경우.

(2) 피해발생

① 여왕벌의 산란중지, 내역벌들의 집짓기와 육아작업 부진, 외역벌들의 수밀작업 부진, 결국 봉군세력 약화 초래
② 분봉군의 망실 초래
③ 꿀 생산 감소

(3) 예방법

① 분봉성 (열)이 적고 산란력이 왕성한 품종 선택.
② 새 벌집을 넣은 산란 및 저밀을 할 수 있는 공간을 제공.
③ 벌집을 모두 열어 환기작업을 실시.
④ 계상을 적기에 설치.
⑤ 여왕벌의 날개를 잘라 날아가는 것을 예방.

(4) 방지법

① 분봉열 발생초기 (유밀기 이전)에 신속하게 여왕벌을 제거하거나 격리.
② 지은 왕대를 내검시 제거.

02 봉군의 증식방법

1. 분봉군 이용방법

(1) 자연분봉군 이용

① 봉군 내 벌들이 늘어나 벌집내부 공간이 좁아지게 되면 자연적으로 분봉하게 되는데 이때에 왕대에 왕완을 짓고 산란하게 되면 3일 만에 부화하여 유충이 성장하게 됨에 따라서 왕완을 높이 쌓아 왕대를 완성하게 된다. 이것을 제1 왕대라고 한다.

② 제1왕대는 산란 후 5~6일 이내에 제2 왕대를 축조하고 다시 3~4일 후, 즉 제1 왕대가 봉개될 무렵 제3, 제4 왕대를 계속해서 짓는다. 제1 왕대에서 처녀왕벌의 출방 3일 전까지 3~4개의 왕완을 짓고 산란하며 출방 2일 전날에는 어미여왕벌은 과반수 일벌들과 함께 분봉한다. 즉 이와 같이 처음 분봉 발생하는 것을 자연분봉이라 한다.

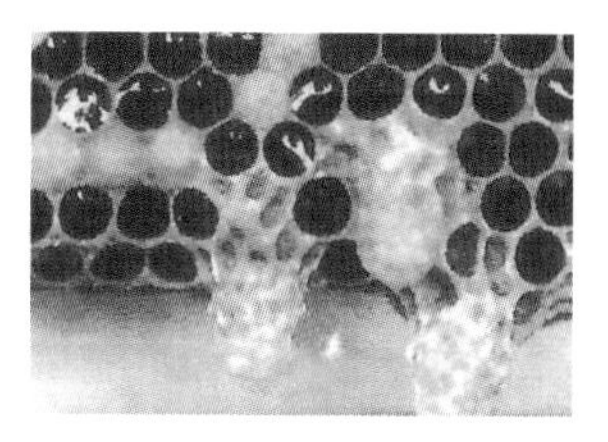
<자연왕대>

③ 제1분봉 발생 3일 후 제1 왕대에서 출방한 처녀왕과 더불어 제2분봉이 발생하게 되고 봉군의 세력이 강하면 2일 후 다시 제2 왕대에서 출방한 처녀왕을 따라서 제3차 분봉이 발생하게 되는데 일반적으로 제3 왕대에서 출방한 처녀왕은 나머지 왕대를 파괴시킴에 따라서 분봉은 끝이 나게 된다. 대개 3차에 걸쳐 분봉이 발생한 벌통의 군세는 황폐해지게 된다. 자연왕대는 대개 7~8개 정도 만든다.
④ 자연분봉이 발생하게 되는 것을 방지하기 위해서 봉개된 지 3~4일 후 즉, 처녀왕벌 출방 전, 미리 왕대를 중심으로 분봉을 시키거나 왕대를 제거하여 교미상이나 타 봉군에 이식시켜야 한다.

(2) 인공분봉군 이용

자연분봉열에 의해서 분봉되는 것을 기다리지 않고 양봉가 임의로 적당한 시기에 분봉시켜 증식시키는 것, 즉 자기가 보유하고 있는 봉군 중에서 수밀력이 좋고 성질이 온순한 벌통을 선별하여 이충, 핵군분활, 출방, 교미 등의 방법을 이용하여 분봉시킨다.

① 인공분봉 요건
　ⓐ 봉군을 계속적으로 키워 봉군의 습성을 완전히 파악한다.
　ⓑ 원벌집 내의 군세가 가장 왕성할 때 분봉시킨다.
　ⓒ 여왕벌이나 처녀여왕벌, 수벌 그리고 왕대가 예비로 준비된 다음에 분봉을 진행시킨다.
　ⓓ 유밀이 잘되는 시기를 택하여 식량을 충분히 공급해준 후 실시한다.
　ⓔ 인공분봉 후에는 오랫동안 무왕군상태로 두지 말 것.

② 인공분봉의 이로운 점
　ⓐ 양봉가 임의로 봉군의 증식시기를 조절하여 바쁜 유밀 기간을 잘 활용할 수 있다.
　ⓑ 전업(부업) 의 경우 봉군수가 많아 관리가 어려울 경우 우수한 여왕벌만을 선별 증식할 수 있다.
　ⓒ 분봉군을 감시하거나 도망갈 우려가 없어 노력이 덜 든다.

③ 분봉 실시요령
　ⓐ 1봉군에서 1봉군을 분봉시키는 경우
　- 인공분할시키려는 벌통의 저밀벌집과 산란육아벌집 및 일벌의 수를 철저히 2등분하여 새로운 벌통에 넣는다.
　- 여왕벌이 없는 벌통은 성숙한 왕대 또는 여분의 다른 여왕벌을 왕롱에 넣어 유입시켜 각각 수용한다.
　- 원벌통 내에 왕대가 조성되었을 경우 그 벌집을 새로운 벌통에 삽입시켜 분할한다.
　- 원벌통과 나란히 50m 떨어지게 하여 벌들의 활동이 한쪽으로 몰리지 않게 한다.
　ⓑ 1봉군에서 여러 개의 봉군으로 분봉시키는 경우
　- 성숙한 왕대를 준비했다가 분봉할 군수에 따라서 육아소비, 저밀소비, 일벌등을 균일하게 나누어서 새 벌통에 넣고 준비된 왕대를 1~2개씩 삽입시킨다.
　- 원소상과 2km 이상 떨어진 장소에다 배치시킨다. 따라서 처녀왕벌이 출방하여 새로운 봉군을 형성

하게 된다.

ⓒ 여러 개의 봉군에서 1개의 분봉군을 만들어 분봉시키는 경우

- 유밀기에 분봉열 발생이 예상되거나 벌통을 증식시키려 할 때 실시.
- 분봉열 발생을 사전에 방지할 뿐만 아니라 새로운 봉군을 얻을 수 있는 장점.
- 즉, 3통의 강군에서 1군을 더 증식시키려 할 때 각각의 원소 상에서 저밀 벌집, 어린벌이 벌집에 착봉된 벌집 3매를 선별하여 새 벌통에 합봉시켜 증식.
- 새로운 벌통에는 반드시 예비여왕벌이나 성숙된 왕대를 유입.
- 합봉 후 2~3일이 지나면 활동벌들은 각기 자기벌통으로 돌아가게 되는데 이때 내검을 실시하면서 여왕벌을 풀어준 후 일벌의 착봉 정도를 고려하여 소비 수를 조절.

2. 상자벌 이용 방법

① 판매규격 → Kg당 약 8,000마리가 들어가 있는 벌들을 1, 1.5, 2kg 단위로 나무상자 (양면철망)에 교미가 끝난 여왕벌을 임시먹이와 함께 판매.

② 유입방법 → 상자벌이 도착한 후, 당액 (설탕 : 물 1:1)을 섭취시켜 어두운 곳에 안치시키고 유입 전에 빈 벌통, 빈 벌집 (육아실), 저밀벌집, 봉개벌집 그리고 내검도구를 준비했다가 저녁 시간대에 유입.

③ 새 일벌의 출현 → 최소한 21일 지나야 일벌이 출현.

[새로운 봉군형성 시 고려할 사항]

① 병해충의 감염확인 – 공급받을 시에 건강여부 반드시 확인

② 도봉 – 봉군 내 저장꿀이나 당액이 넘쳐 밖으로 나올 경우 조심

③ 표류 – 기존의 양봉장에 있는 다른 벌통에 잘못 들어갈 수 있으므로 가능한 한 상자벌과 격리된 곳에 설치하는 것이 최선

3. 핵군벌 이용 방법

일반적으로 본봉 전의 건강한 산란여왕과 1~2장의 유충벌집과 2~3장의 화밀과 화분이 들어 있는 저밀벌집을 가지고 핵군을 만들어 증식시켜 분봉시키는 방법.

03 우수여왕벌 양성 및 관리

1. 우수봉군 평가기준 및 방법

(1) 번식력

① 유효산란 수 조사 - 봉개 3일 후에 실제 봉개된 방수 (번데기상태)를 40cm (가로) × 25cm (세로)의

조사 틀내에 형성된 수를 계수한다. (단, 수벌방 제외) 즉 5cm × 5cm 내에 100개 방을 기준으로 40개의 칸을 전수 조사한다. 조사기간은 12일 간격으로 한다.

② 유충봉개율 조사 - 봉개가 끝난 벌집에서 생리적 미부화수, 질병감염으로 인하여 발생한 빈방의 수를 2줄, 5칸 즉 1,000개 방을 대상으로 빈방의 수를 조사한다. 조사기간은 12일 간격으로 한다.

③ 벌집면의 벌수 조사- 소비의 벌방수 즉 3,400 × 2면 = 6,800개방 중 최대 어린벌 방수는 2,300개로서 실제 붙어있는 벌의 벌집면의 개략적인 면적률 (%)을 곱하면 알 수 있다. 조사기간은 21일로 한다.

(2) 저밀량 (달관조사)

전체 벌집의 2/3이상 밀봉 시 2.5kg이 저밀이 된 것을 기준으로 하여 나머지 벌집에 저밀된 양을 저울로 계측한 결과를 비교하여 전체무게를 계산한다.

(3) 산물 생산량

①일벌의 수밀력 평가

ⓐ 일일 수밀량 조사 - 이름아침 벌들이 출소 전에 저밀된 양을 조사하고 귀소 후 저녁 때 측정하여 증가된 측정치를 수밀력으로 평가한다. 유밀기 때 조사한다.

ⓑ 유밀기의 채밀량 조사 - 유밀기가 끝난 후 저밀꿀의 양, 농도 및 수분 함량을 측정하여 평가한다. 유밀기마다 측정할 수 있다.

② 로열젤리 - 유밀기간 중 일정기간을 정하여 3일에 한 번씩 채취하여 생산량, 10-HDA함량, 수분함량 등을 조사하여 평가한다.

③ 밀랍 생산 평가 - 벌집틀의 최초 삽입시기와 다 완성된 후의 무게를 측정하면 증가된 무게를 알 수 있다.

④ 프로폴리스 - 채집도구를 설치하여 채집된 양을 계측하고 벌통 내면이나 가장자리에 붙어있는 것들도 채취하여 측정한다.

⑤ 화분 - 화분채집 틀을 이용하여 일정시간, 또는 기간에 채취된 화분의 양을 비교 하거나 전체 유밀기간동안에 생산된 양을 측정 비교한다.

(4) 월동력

① 월동봉군의 군세 감소율 조사 - 월동 전의 벌수와 후의 벌수의 감소 차이

② 월동 기간중의 먹이 소모량 조사 - 월동 전 봉군의 벌집 무게를 계측하고 월동 후 이듬해 봄초기의 탈분시기에 무게를 계측하여 그 차이로 먹이 소모량을 알 수 있다.

(5) 내병충성 → 소비의 위생상태 (청소력)

특히 부저병의 경우, 감염된 번데기를 벌집에서 신속히 밖으로 제거해 내는 능력을 파악하여 그 우수성을

인정하게 되는데 일반적으로 24시간 내에 90% 이상 제거 시 부저병에 강한 계통으로 인정하게 된다.

2. 여왕벌의 교체 및 관리

(1) 여왕벌의 교체 조건 및 시기

활력이 매우 왕성하며 분봉열 발생이 적고 동시에 수밀력이 높은 벌로서 질병에도 강한 조건을 갖추어야 한다. 여왕벌의 교체시기는 아까시나무와 밤나무꿀 채취가 끝난 후가 적당한 시기이다.

① 자연왕대에 의한 방법

일반적으로 군세가 강해지면 자연적으로 2~3개의 왕대를 만들고 봉개 7일 후에는 출방하게 되며 일벌들은 신왕출방 2일 전에 구왕과 더불어 분봉하게 된다. 따라서 봉개 후 4일째에 구왕을 제거하고 충실한 왕대 1개만을 떼어내서 자연왕대 소비 중앙에 이식하고 저밀소비 1장을 추가해서 2장 소비로 교미상을 만들고 그 속에 어린벌이 많은 소비에서 일벌들을 털어 넣어서 봉군의 군세를 보강해준다. 내피를 두껍게 덮어주고 소문도 1cm 정도로 좁혀주면 2~3일 후 처녀왕벌이 출방하게 되고 7~8일 이내에 교미를 마치면 3~4일 후부터는 신왕은 산란을 계속하게 된다. 즉 이와 같이 자연왕대에 의한 구왕 교체는 최소한 15일이 소요될 뿐만 아니라 원하는 봉군의 여왕을 양성할 수 없는 단점이 있다. 그러므로 소규모 농가에 적합한 방법이라 할 수 없다.

② 변성왕대에 의한 방법

변성왕대를 조성하려고 하는 군을 (9매벌집) 2/3로 축소하고 구왕을 제거하여 무왕군을 만든다. 우수한 벌통의 어린벌판을 가져와 봉개된 벌집과 교체하고 저녁에는 당액 (1.5 : 1)을 보충시켜준다. 무왕 4일 후 1차 내검 시에 충실한 왕대만 남기고 9일 후 2차 내검 시에는 1개만 남긴다. 따라서 계속 증식하고자 할 경우 저밀벌집과 2매벌 교미상을 만들어 시작하면 된다. 이 방법은 여왕벌 양성수량의 한계가 있으므로 인공왕대를 이용한 체계적인 방법을 추천한다.

③ 인공왕대 이용법

이충용 벌집을 만들기 위해 선별한 우수봉군의 벌통 내에 빈 벌집을 넣고 다음날에는 산란권에 넣어주면 4~5일 후에는 이충이 가능한 유충을 얻을 수 있다. 따라서 이충적기는 부화 후 18~36시간된 유충을 왕완에 이충시키고 즉시 인공왕대 육성군에 삽입시키면 된다.

(2) 구 여왕벌의 교체 방법

봉군의 환경에 따라서 새 여왕벌의 유입에 차이가 있는데 특히 변성왕대가 조성되었을 경우에는 받아들이지 않는데 이때에는 왕대를 제거하고 어린 유충벌집도 빼내어 주면 수월해진다. 가급적 유밀기에 실시하는 것이 좋다.

<변성왕대>

<갱신왕대>

<그림8-1> 변성왕대 / 갱신왕대

<여왕벌 유입틀>

<그림8-2> 여왕벌의 유입

3. 쌍왕군 관리

① 강군 육성을 위한 조건

ⓐ 풍부한 밀원의 분포

ⓑ 우량한 여왕벌 확보

ⓒ 질병 및 해충의 피해가 없어야 한다.

② 쌍왕군 육성 방법

두 마리의 여왕벌을 한 벌통 내에 격리판,격왕판을 이용하여 두 구역 봉군으로 나누어 육성시키는 방법인데 일시적으로 격리 사육하다가 보다 강한 쪽의 여왕군으로 합봉하여 하나의 강군으로 육성하는 방법이다.

ⓐ 쌍왕군 육성 방법

· 봄철시기 – 산란력을 증가시켜 월동약군을 정상적인 봉군으로 육성하는 데 도움

· 유밀기 – 일벌들의 친화력과 포육력을 증가시켜 강한 채밀군 육성에 도움

· 가을철 – 번식력 감소시기에 산란력을 집중시켜 강한 월동군으로 육성에 도움

ⓑ 쌍왕군 양성 방법의 장점

· 유밀기 전에 다수의 채밀 적령벌 집단 양성가능.

· 분봉열의 발생을 늦출 수 있다.

· 강한 봉군 양성이 수월한 편이다.

③ 쌍왕군 양성 목적에 따른 실시시기

ⓐ 유밀기전 봉군의 증식기간 단축의 경우 – 개화 35~50일 전 유효번식시기 이내에 실시한다.

ⓑ 한 마리의 산란 왕을 증식시킬 경우 – 사육봉군은 최소한 8매군 이상 (약 2만 마리)이여야 한다. 즉 여왕산란수보다 잉여 포육벌의 수가 충분히 많아야 한다.

ⓒ 월동봉군의 번식시기 – 주위의 밀원상태가 가장 좋을 때 실시한다.

④ 단상 쌍왕군 육성

순계보존용 벌군을 단상 벌통 내에 격리판을 이용하여 막고 2개의 약군을 각각 나누어 여왕벌을 유지시키는 방법 (주로, 육종장에서 순종계통 벌을 보존 시에 이용)

ⓐ 원칙

· 월동 후 이른봄에 조성할 경우 – 발육이 정상적으로 진행되어 4장이 되면 각각 독립벌통으로 옮긴다.

· 월동 전 약한 봉군의 경우 – 2개의 군으로 나누어 강군으로 유지시킨다.

ⓑ 주의사항

· 양쪽 여왕벌은 산란력이 일정한 일령의 여왕벌을 선택할 것

· 군세가 왕성할 경우는 양쪽 벌문의 중앙을 잘 막아 여왕벌이 이동하지 못하게 한다.

· 단상 중간의 격왕판 사이에 공간이 생기지 않도록 보온 물을 양쪽 가장자리에 넣어 준다.

⑤ 계상쌍왕군 육성

ⓐ 목적 – 봄철에 정상적으로 번식한 단상군을 이용하여 보다 안정적으로 생산하기 위함

ⓑ 시기 및 간격 – 개화 35~50일 전 즉 유밀기전에 채밀이 가능한 적령벌을 충분히 확보한 후 실시

ⓒ 군세 – 8매벌 이상 확보 시 즉 여왕벌 산란수보다 육아벌의 수가 훨씬 많아져야 안정적이다.

ⓓ 방법

· 계상에는 여왕벌 유입 전 먼저 2~3장의 노숙번데기 벌집과 1~2장의 화밀과 화분 벌집을 넣어 3~4매 벌로 만든 다음 단상과 계상 사이에는 철망개포를 덮어 격리시킴.

· 계상의 벌문은 단상의 반대편인 뒤쪽으로 가게 한다.

ⓔ 여왕벌 유입

· 계상 쌍왕군을 조성한 지 1~2일 지나면 계상 내에 외부활동벌들이 모두 올라가게 되고 어린벌만 있는 계상 내에 신왕을 유입시킨다.

· 산란 3~4일 후 산란 소비와 노숙 번데기 벌집의 위치를 교환한다.

· 조성 7~8일 후 철망개포를 격왕판으로 교환한다.

ⓕ 주의사항

· 계상의 산란유충 벌집과 단상의 노숙 번데기 벌집과 수 차례의 교환을 거치면서 군세는 증가하여 단상과 계상간에 벌집이 균형이 최대화되어 만상이 되도록 한다.

· 관리 시에 양쪽 여왕이 한쪽 구석으로 몰리지 않도록 한다.

⑥ 삼단계상

ⓐ 유밀기 시작 8~10일 전에 구왕을 다른 작은 봉군에 넣어 조성시킨다.

ⓑ 단상에는 격왕판을 막아 신왕의 왕래를 제한시키고,격왕판 위쪽에는 1~2개의 계상을 설치하여 강한 채밀군을 조성한다.

ⓒ 두 번째 만상이 되면 신왕은 산란력이 왕성해지는 동시에 분봉열은 낮아지면서 안정된 강군이 유지된다.

PART
09

꿀벌과 양봉

꿀벌 봉군관리 기술 II

(벌통관리요령 4계절)

PART

09

꿀벌 봉군관리 기술 II (벌통관리요령 4계절)

01 월동 후 이른봄의 봉군관리

꿀벌은 품종자체의 유전적 특성과 기후의 계절적 변동, 밀원조건, 양봉농가의 봉군관리 기술 등 자기가 사양하고 있는 지역환경에 맞게 얼마나 조화시키느냐에 따라서 양봉경영의 성공이 좌우된다. 우리나라는 점차 겨울 온도의 상승과 기간이 짧아지고 있는 경향이며 5월달 아카시아 꽃에 전적으로 의존하여 채밀하고 관리하는 것이 관건이라 할 수 있다. 따라서 중요한 관리사항은 내검실시, 착봉벌집 축소와 밀집사육으로 산란을 유도하고 먹이, 물 공급과 병해충 관리 등이라고 할 수 있다.

(1) 밀집사양 실시

① 벌통은 1~3 매로 과감히 축소시켜 합봉한다.

- 12,000마리 벌 → 3매 벌통으로, 8,000마리 벌 → 2매 벌통으로, 8,000이하 벌→ 2매벌에 합봉시키다.

② 내검시기 조정 (기후 변화에 따라서)

- 중부지방 → 2월초 ~ 늦어도 3월 초순, 남부지방 → 1월하 ~ 2월 초순

③ 요령

- 산란과 육아에 적합한 33~35℃ 유지를 위해 보온덮개를 철저히 한다.
- 소문은 3cm로 하고 온도 변화에 따라서 환기 조절 관리에 유의한다.

(2) 먹이 공급

월동 후인 이른봄엔 저장된 꿀이 부족해서 굶어 죽는 경우가 발생한다. 그러므로 내검 후 저밀상태가 부족할 경우 1/3 이상 봉개된 저밀벌집을 넣어 주거나 일시에 대량으로 먹이를 공급한다.

① 장려당액 먹이 공급

· 어린 벌의 발육 촉진과 활동을 자극시켜 봉군의 세력을 왕성하게 한다.

· 따뜻한 날이 계속되어 산란과 유충이 많이 생기게 될 때에 자동 사양기나 소문용 사양기를 사용하여 1 : 1 당액을 일제히 유밀기까지 3~5일 간격으로 조금씩 급여한다.

② 화분떡 공급

· 꽃이 피기 전까지는 산야에 있는 자연화분 만으로는 부족한 경우가 많고 유밀기에는 화밀보다는 화분의 채집 반입량이 적으므로 반드시 대용 화분떡을 공급해줘야 한다.

· 대용화분은 콩가루, 옥수수가루, 분유(동물용)을 2:1:1로 혼합하여 7~10일 간격으로 3~5회 정도 공급한다. (약2kg)

· 화분떡의 조제방법은 여러 가지가 있으며 다양한 제품이 판매되고 있다.

(3) 물 공급

① 유충의 발육이 시작됨에 따라서 많은 양의 물을 요구하게 된다.

② 벌통 내 저밀은 겨울 동안 수분이 증발되어 농도가 진해져서 벌들은 물을 가져와 묽게 만들어 사용한다.

③ 특히 오염된 물이 공급되지 않도록 벌통 주위의 물 공급처의 청결에 주의해야 한다.

④ 동시에 수온이 낮은 찬물의 공급은 벌들을 마비시킬 수 있으므로 유의해야 한다.

(4) 병해충 방제

① 추운 겨울 동안의 많은 에너지 손실로 인하여 꿀벌의 건강은 매우 허약한 상태가 되므로 각종 질병과 해충에 감염될 가능성이 높다.

② 특히 주의해야 할 질병과 해충들은 꿀벌응애와 곰팡이병의 일종인 백묵병 그리고 원생동물병인 노제마병들이다.

③ 꿀벌응애의 경우 월동 전과 후에 반드시 방제를 실시하지 않으면 봉군이 붕괴될 수도 있다. (상세한 내용은 제12~13장에서 기술)

02 봄철의 봉군관리

(1) 월동포장제거작업

① 최근 들어 이른 봄철의 날씨는 매우 불규칙하여 아침과 저녁의 기온 차가 크고 찬바람 등을 고려할 것.

② 2월 하순부터 기온의 변화 추이에 따라 산란 및 육아에 피해를 입지 않도록 서서히 포장제거작업을 실시하여야 한다.

(2) 벌집의 방향 및 위치 바꾸기

① 실시시기 : 외부활동 벌들의 방화활동이 왕성하고 산란과 육아활동이 확대되는 유밀기 전에 실시.

② 방향 바꾸기

· 산란 육아권을 확대 촉진시키고 충분한 저밀 장소를 제공한다.

· 육아 벌들이 꽉 차있는 중앙부의 벌집은 그대로 놔두고 벌문 쪽으로 향해있던 벌집틀의 끝을 좌우뒤 쪽 방향으로 향하게 한다.

③ 위치만 바꾸기

· 산란벌집들은 중앙에 그대로 두고 그 양쪽에 유충벌집을 두고 그 다음 양쪽에는 봉개된 벌집을 그리고 사양기 쪽에는 저밀집을 위치 하게 한다.(5매벌의 경우)

· 출방하게 되면 다시 중앙으로 옮겨서 산란용 벌집으로 만들어 계속 위치를 바꾼다.

(3) 빈 벌집 넣어주기

① 외부 기온이 20℃이상 일 때 실시하는 것이 좋다. (약 2~3일이면 벌집 완성)

② 산란 육아가 늘어나서 봉군이 내부 중앙에서 부터 바깥 쪽까지 확장되는 시기.

③ 위쪽의 산란이 적은 벌집은 다시 안쪽으로 옮겨 세력이 충분히 커지면 빈 벌집을 맨 가장 자리부터 한 장씩 넣어준다.

④ 기초벌집의 안쪽부터 집을 반쯤 짓게 되면 중앙으로 옮겨서 완성시킨다.

(4) 봉군의 균등화 작업

① 봉장 내의 모든 벌통들의 세력을 골고루 일정하게 키워야만 수밀력도 왕성해진다.

② 벌통이 6~7매의 강군으로 성장하면 출방 직전에 봉개된 벌집을 약군에 넣어 보강시키거나, 저녁에 성충벌만을 사양기 뒤쪽에 넣어 보강시킨다.

03 유밀기의 봉군관리

(1) 유밀기

① 주 밀원인 아까시나무 개화기간은 약 10일 정도로 꽃꿀이 집중적으로 분비되는 시기이다. 따라서 꿀벌 집단도 발육이 급격히 진행될 뿐만 아니라 분봉열도 동시에 발생하는 시기이므로 사전에 기초벌집틀을 준비하여 신속히 대처하면 산란력과 육아력을 계속 유지할 수 있게 된다.

② 개화시기 - 중부지방 : 5월 중하순, 북부지방 : 5월하순 ~ 6월초순, 남부지방 : 5월상순 ~중순경

(2) 채밀군 조성

① 봉군은 12매 벌군 (약 26,000마리 이상) 계상으로 만들고, 출방 약 2주 후 40일령의 채밀 적령벌 위주로 육성한다.

② 즉 아까시나무 개화 전인 3월 하순 ~ 4월 초순에 집중 산란하도록 유도 사양한다.

③ 월동벌을 축소 관리하면 40일 후 밀도는 급격히 늘어나 벌집 주변의 빈 공간까지 새 벌집을 계속 만들게 되므로 이때에 약간의 당액을 공급해 주면 훨씬 빨리 짓는다.

④ 따라서 전년도 월동벌은 6~8매벌로 월동시키는 것이 좋다.

⑤ 이 시기에는 일벌들의 밀랍 분비가 왕성하여 벌집 중간에 벌집 기초 틀을 넣어주면 2일 만에 1장의 벌집을 완성하게 되므로 즉시 산란할 수 있다.

(3) 배열

① 채밀이 시작되면 단상의 양쪽 가장자리의 벌집은 빈 벌집 기초 틀을 넣어주어 즉시 산란하게 된다.

② 저밀작업이 완성되면 즉시 계상을 올리고 단상에는 빈 벌집틀을 넣어서 저밀하게 한다.

(4) 계상 올리기

① 필요성 : 분봉을 예방하고 강군을 육성하여 산란과 육아를 계속시켜서 저밀활동을 왕성하게 하여 양질의 꿀을 많이 생산하는 데 있다.

② 설치요령

ⓐ 8매벌 (18,000마리 이상)에 새끼벌이 가득한 소비 2~3매를 계상 중앙으로 옮기고 그 양 옆에 빈 벌집 기초 틀을 2장씩 넣어준다. 1층 번식상에도 2~3장 넣어준다.

ⓑ 벌통 내 벌들이 계상에서 활동을 시작하게 되면 1층과 2층 사이에 수평 격왕판을 설치하여 1층은 번식상으로 2층 이상은 저밀상으로 이용하게 한다.

ⓒ 2층 계상에 채밀량이 가득하게 되면 2층 계상 전체를 3층으로 옮기고 그 자리에는 빈 벌집 기초 틀을 가득 채운다.

(5) 채밀작업

① 채밀이 시작되기 전 당액 공급 시 정리채밀을 실시하여 깨끗한 새 벌집틀을 사용하도록 한다.

② 계상 설치 시 일벌들은 단상의 꿀을 계상 내에 저장하는 습관이 있다.

③ 채밀은 4~5일 정도면 가능하며 계상 내 저장벌집의 밀개가 1/3이상 진행되었을 때 실시하는 것이 좋다.

(6) 분봉예방 (제8장 참조)

04 여름철의 봉군관리

(1) 도봉 및 도망군의 예방

① 한 여름철은 유밀기가 끝나고 무밀기에 접어드는 때이므로 벌들은 먹이 쟁탈전이 발생하는 시기이다.
② 벌문 입구는 매우 어순선하고 많은 벌들이 윙윙 소리를 내며 출입이 민첩하므로 이때에는 벌통을 열거나 당액을 공급 시에는 도봉의 원인이 된다.
③ 도봉이 발생 시는 벌통을 한적한 곳에 이동시켰다가 하루 정도 지나서 원 위치에 옮기면 된다.
④ 벌통문은 좁혀두고 당액은 반드시 늦은 저녁에 공급하여야 한다.
⑤ 벌통 내의 먹이가 항상 부족하지 않도록 꿀을 많이 확보하여 벌들이 안정되게 할 뿐만 아니라 세력이 강화되어 다른 벌들의 침입도 막을 수 있게 관리를 철저히 한다.

(2) 혹서 방지책

① 한여름 철의 고온 다습한 날씨와 먹이부족으로 인하여 질병이 발생하는 등 벌들에게도 매우 힘든 시기이다.
②가능한 한 햇볕이 직접 내리쬐는 것을 차단하기 위해서 2m 이상 높이의 차광망을 쳐주는 것이 안전하다.
③ 벌통 겉 뚜껑 밑의 내피를 제거하고 공기창을 열어주는 것이 좋다. 임시로 보온덮개(스티로폼)로 덮어주면 도움이 된다.

(3) 산란성 일벌의 출현 및 관리

① 여왕벌과 일벌은 같은 암컷이나 여왕벌이 분비하는 억제물질의 작용에 의해서 일벌의 난소가 자라지 못하다가 여왕벌이 없어질 경우 알을 낳게 된다. 이렇게 하여 낳은 일벌을 산란성 일벌이라고 한다.
② 유밀기 이후 여왕벌이 망실되는 경우가 발생하는데 일단 산란성일벌이 생긴 벌들을 다른 곳으로 옮긴 후 그 자리에 유충벌집 2~3장과 저밀벌집 2장이 들어있는 새 벌통을 옮긴 자리에 넣어준다.
③ 다른 곳으로 옮겨졌던 벌통의 정상적인 일벌들은 원위치에 놓여있던 벌통으로 날아와 들어가는데 다른 곳으로 옮겨진 벌통에는 산란성일벌과 어린 벌들만 남게 된다.
④ 여기에 새 여왕벌을 유입시켜 산란을 시도하거나 새로운 벌통 내에 산란성 일벌을 합봉시킨다.

05 가을철의 봉군관리

(1) 월동봉군의 중요성과 조건

① 금년의 벌꿀 생산량의 결정적 요인은 전년도 월동봉군을 얼마나 잘 관리하였느냐에 달려있다.
② 월동봉군의 군세는 꿀벌 계통의 특성에 따라서 다르나 봉군의 형성은 8℃~12℃ 내외에서 형성되는데 황색종인 이탈리안 계통은 10℃에서 형성된다.

③ 지역에 따라서 다르지만 8월 말부터 9월 하순 사이에 산란된 것들이 월동 봉군이 핵심 집단이 된다.
④ 이 시기에는 (봉군 온도 30℃ 이상) 꿀과 화분이 충분하여 최대한 산란 육아를 촉진시켜 바로 산란하여 육아가 시작된다.
⑤ 월동 중에 응애의 감염이나, 연약하거나 노쇠한 벌들이 감소하는 것을 막아야 한다.
⑥ 실내월동 시 온도와 환기시설이 잘 되게 하여야 하며 야외의 경우는 월동장소, 벌통 포장에 유의해야 한다.

(2) 월동저밀확보

① 월동벌의 먹이저장작업은 9월 하순부터 시작되는데, 저밀벌집은 2.5~3kg의 무게에, 밀개는 약 80% 이상 되어야 하며 10월 중순까지 끝내야 한다.
② 저밀권을 소비중앙에 위치시키고 산란육아권은 저밀권 주변에 놓는다.
③ 벌수와 저밀벌집의 비율은 벌집 양쪽면에 고르게 분포하게 한다. (1장에 2,200마리일 경우에 착봉이 4광일 경우 4장 저밀벌집, 6광일 경우 5장 저밀벌집, 8광이면 6장 저밀벌집, 8광 이상 경우는 계상으로 월동시키는 것이 좋다.)
④ 정상적인 봉군 형성이 어려운 약군의 경우는 과감히 합봉시켜 최소한 5~6매가 되도록 조정한다.
⑤ 만약 벌집수를 증가시키고 저밀하려면 계상을 사용하거나 일시적으로 저밀벌집을 빼내고 그 자리에 빈 벌집틀을 넣어서 산란권을 확장해주면 된다.

(3) 봉장의 월동환경 관리

① 10월 하순부터 낮아지는 기온 때문에 벌들은 봉군을 형성하기 시작하여 월동형태로 들어가게 되는데 소문을 점차 좁혀서 월동포장시기에는 4mm로 좁혀준다.
② 일반적으로 1℃ 가 유지되도록 해야 하며 영하 4℃ 이하로 내려가지 않도록 한다.
③ 월동포장은 보온덮개를 설치하여 빗물이 스며들지 않도록 해야 하며, 과도한 포장은 봉군 내 온도를 상승시키기도 한다.

(4) 병해충 관리요령 (제12~13장 참고)

06 겨울철의 봉군관리

(1) 월동에 필요한 기본요건

① 9~10월의 늦가을에 태어난 건강한 일벌들의 수 증가와 월동용 저밀량의 충분한 확보.

② 월동환경 즉 위치, 포장, 실내온도 그리고 환기가 잘 되도록 한다.

③ 월동 전 5매벌 (13,000~14,000마리)이하 벌통은 합봉정리를 철저히 시행함으로써 월동 준비를 끝마쳐야 한다.

(2) 월동중 벌통관리

① 일단 월동포장이 끝나면 내부의 벌들이 자극 받는 일이 없이 최대한 안정되도록 할 것.

② 간혹 사체로 인하여 소문이 막히는 경우가 발생할 수 있으니 소문을 잘 관찰하여 신속히 조치를 하여야 한다.

③ 야외 또는 창고나 지하의 경우 쥐의 침입으로 인하여 직접적인 피해나 또는 간접적인 피해로 벌통구멍으로 열 손실이 일어나 벌통 속 벌들이 많은 꿀을 손실하게 되므로 쥐의 접근을 차단시켜야 한다.

(3) 병해충관리 (제12~13장 참고)

<표9-1>계절에 따른 벌통관리요령

	봄철 봉군처리										여름철					
구분	2	3			4			5			6			7		
	하	상	중	하	상	중	하	상	중	하	상	중	하	상	중	하
봉군 관리	물, 화분 공급				산란유도 유충밀도증식						봉군 밀도증식 여왕벌 양성			무밀기(먹이 공급) 혹서기 (직광회피보호)		
병해충 예방	꿀벌응애, 노제마방제 (약제 처리)												꿀벌응애 방제 (약제)			
산물 채취	채밀	유채, 벚꽃						아카시아			밤, 때죽나무					
	채취									화분, 로열젤리						
주요 작업		·월동 후 2~3장의 벌집으로 축소 (온도유지, 산란촉진) ·화분떡 공급 (초봄) ·청결한 물 공급 (매일) ·산란권 확보용 일벌양성 (5월 이전에) ·분봉억제 (5월 이후)									·봉군 밀도 증식 (인공분봉) ·신 여왕으로 구 여왕교체 ·충분한 먹이물 공급 ·도봉방지 ·차광시설 (혹서대비)					

	봉군처리			가을철 봉군처리									겨울철 봉군처리							
구분	8			9			10			11			12			1			2	
	상	중	하	상	중	하	상	중	하	상	중	하	상	중	하	상	중	하	상	중
봉군 관리				월동군집 증식 (먹이급여)								월동 준비 (포장)		월동						
병해 충 예방	말벌, 등검은말벌 방제 (유인트랩)									꿀벌응애 방제 (약제)										
산물 채취	메밀, 싸리																			
						프로폴 리스						화분매 개벌 (임대)								
주요 작업				·벌집 축소, 약군합봉 (월동준비) ·월동대비 보조식량 공급 (설탕:물 = 1.5:1)										·벌집 축소 및 벌통내부포장 (11월초) ·벌통바닥 습기차단 ·보온덮개 (태양 복사열 방지)						

PART

10

꿀벌과 양봉

양봉산물 생산 및 이용 I

(꿀벌자체 생산물)

PART

10

양봉산물 생산 및 이용Ⅰ (꿀벌자체 생산물)

01 로열젤리(Royal jelly)

(1) 로열젤리 (Royal Jelly)란

① 우화 후 7~10일된 일벌의 먹이 샘과 큰 턱 샘에서 분비되는 유백색의 크림형태의 물질로서 시큼한 단맛에 약간의 매운 듯한 PH 3.4~4.5의 강한 산성을 띈 가용성 에스테르 지방산의 일종 ($C_{10}H_{18}O_3$)으로 약 40여 종의 생리활성물질이 포함된 여왕벌의 먹이가 된다. 따라서 Bee milk라고도 한다.

② 1957년 독일의 생화학자인 Butenandt 가 로열젤리의 주요 지표물질인 10-Hydroxy-2-Decenoic Acid (10-HDA) 임을 밝혀냄.

③ 매우 활성이 높은 생리활성 물질임이 밝혀져 인체의 각 기관에 효능이 검증되고 있다.

(2) 생산 및 저장기술

① 필요한 기구 및 장치 - 로열젤리 채취용 벌집틀에 2~3단 가로 대에 30~90개의 왕완을 붙여 사용한다. (봉군의 세력에 따라 왕완수 조절)

② 이충작업 - 1일 이내의 어린 부화유충을 이충침을 사용하여 왕완에 옮김.

③ 채취요령 - 인공왕대에서 로열젤리를 채취하기 전 이충용 핀셋으로 여왕벌 유충 (4일령)을 제거한 후 2~3일 지나서 로열젤리 채취 왕완용 소형 숟가락으로 떠내서 용기에 담는다. 대량생산 시에는 소형진공 배기펌프식 채취기를 사용하는 것이 좋다.

④ 저장기술 - 로열젤리 채취 즉시 냉동고 (-20℃)에 저장하면 장기간 보존할 수 있다. 단거리 운반 시에는 아이스박스나 드라이아이스를 넣어 녹지 않도록 한다.

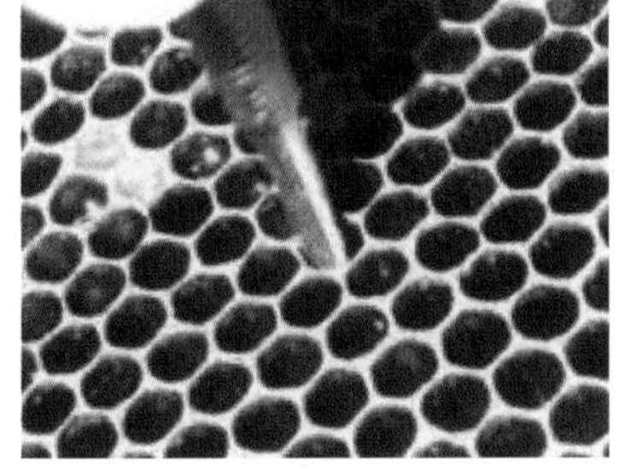

<이충침을 이용한 이충작업>

(3) 이충시기 및 채취시간에 따른 생산량

<표10-1> 이충시기 및 이충 후 채취시간에 따른 로열젤리의 생산량 (mg)

이충시기 시간	24	48	72
부화 20 시간 후	79.1	244.1	460.2
부화 40 시간 후	37.1	254.3	252.3

<표10-2> 로열젤리의 성분

성분	함량
수분	67%
단백질	12.5% (단독 또는 결합형 아미노산의 형태로 존재)
수용성지방(지방산)	75~85% 10-hydroxy-2-decenoic acid 31.8% 10-hydroxy decanoic acid 21.6% 글루코산 24.0% 올레인산 5.5% 팔미틱산 3.7% 미상물산 8.4%
불용성지방(스테롤)	15~25% 24-methylene cholesterol 50mg/g Cholesterol 10mg/g
탄수화물	11% 과당 6.0 (54.59%) 포도당 4.2 (38.2%) 설탕 0.3 (2.7%) 기타 0.5 (4.5%)
화분	1.0% (미네랄류 – (별표참조))
비타민 류	주로 비타민 B군 (별표참조)
미상물질	3.5%

[미상물질]
"Parotin 유사물질" 타액선에서 분비되는 폴리펩타이드 물질임 (리포프로테인) - 생리적 젊음유지 물질 (근육, 뼈, 치아, 장기의 성장발달 물질)
① 주성분 - C10H18O3 10-HAD (10-Hydroxy-2-Decenoic Acid)
② 기타성분 - 비타민, 무기질, 항균성물질 (열, PH에 강한 안정물질, 대장균, 그람음성균에 항균력)

<표10-3> 로열젤리에 함유된 비타민 류 및 무기물 류

비타민종류	함량 (ug/g)	무기물 종류	함량 (ug/g)
판토텐산(Pantothenic 산)	100	K	5,500
이노시톨(Inositol)	100	Mg	700
니아신(Niacin)	50	Ca	300
리보핵산(Riboflavin) (비타민 B2)	9	Zn	80
티아민(Thiamine) (비타민 B1)	6	Fe	30
비타민C(Vitamin C)	4	Cu	25
피리독신(Pyridoxine) (비타민 B6)	3	Mn	7
비오틴(Biotin)	1.5		
엽산(Folic 산)	0.2		

<표10-4> 로열젤리의 아마노산 조성 (%)

아미노산의 종류	함량 (%)	아미노산의 종류	함량 (%)
아르기닌(Arginine)	4.98	알라닌(Alanine)	3.61
히스티딘(Histidine)	2.83	아스파르트산(Aspartic acid)	17.09
아이소류신(Isoleucine)	5.32	시스테인(Cysteine)	-
류신(Leucine)	7.98	글리신(Glycine)	3.30
라이신(Lysine)	9.87	글루탐산(Glutamic acid)	7.95
메치오닌(Methionine)	2.52	프롤린(Proline)	7.00
메칠알라닌(Phenylalanine)	4.47	세린(Serine)	4.97
트레오닌(Threonine)	2.82	티로신(Throsine)	4.23
트립토판(Tryptophan)	-	암모니아(Ammonia)	3.10
발린(Valine)	7.91		

(6) 로열젤리의 인체에 대한 효능은?

생명을 유지시키는 필요한 물질이 풍부하게 함유된 완전한 "자연 건강 식품"

① 신경, 정신계통 : 신경쇠약, 우울증, 기억력 장애 회복

② 내분비 기관계 : 성 중후기관의 노화방지, 월경장애, 갱년기 장애회복

③ 혈관계 : 노인성 빈혈, 저혈압, 고혈압 예방

④ 소화기관계 : 위궤양, 신경성 복통, 식탐증진 효과

<표10-5> 로열젤리 투여 후 평균 백혈구 세포 수, 호중구수, 림프구수의 증가율 비교

구분	조 사 세 포 수		증 가 율 (%)
백혈구	전	2.857 ± 388	30.6
	후	3,732 ± 366	
호중구	전	1,489 ± 367	77.8
	후	2,647 ± 620	
림프구	전	1,137 ± 180	46.4
	후	1,665 ± 255	

- 8명의 백혈병, 림프종, 간아세포종 감염환자에게 아침 식사 전 하루 1g씩 한 달간 투여결과
- Osman Kaftamoglu, Atilla Tanyeli (1997) : Bee product, plenum 179~183

(7) 로열젤리 보관방법

① 수분함량 0.5% 이하로 건조 → 거의 영구적 효과 지속 가능 (1954. Caillas)

② 생로알제리 냉동보관 → 다시 상온으로 회복 시 → 효과 급격히 저하

③ 벌꿀과 혼합보관 → 냉장보관이 바람직함 (-20℃)

- 로열젤리의 주성분인 10-HAD는 장기간 보관 시에는 잘 변화하지 않는 비교적 안정된 물질임

④ 로열젤리의 변질원인? 단백질 → (빛, 질소, 효소, 미생물) → anime + 암모니아로 변하여 색깔, 영양소 등이 변하여 유해한 악취가 생성된다.

⑤ 색상변화

ⓐ 실온 (20~30℃) → 50~70일간 보관가능 (어두운 곳에 보관)

ⓑ 냉장 (5℃) → 110일간 보관가능

⑥ 아미노산의 함량변화

ⓐ −20℃ 냉동보관 → 140일간 보관가능

ⓑ 5℃ 냉장보관 → 180일간 보관가능 (glycine 3배 증가, prolin 30% 감소)

ⓒ 실온 (20~30℃ 암실) → 100일후 prolin 4배 증가

<표10-6> 식품공전규격

구분	생 로열젤리	동결건조 로열젤리	로열젤리 제품
10-하드록시- 2-데센산 (%)	1.6 이상	4.0 이상	0.56 이상
수분	62.5 ~ 68.5	5.0 이하	-
조 단백질 (%)	11.0 ~ 14.5	30.0 ~ 41.0	-
산도(1 N NaOHmL/100g)	32 ~ 53		-
대장균	음성	음성	음성
붕해시험	적합하여야 한다 (정제 또는 캡슐제품에 한한다. 단, 씹어 먹는 것은 제외한다)		

① 정의 : 로열젤리 가공식품이란 일벌의 인두선에서 분비되는 분비물을 그대로 또는 섭취가 용이하도록 가공한 것을 말한다.

② 식품유형

ⓐ 생 로열젤리 : 일벌의 인두선에서 분비되는 분비물인 로열젤리를 식용에 적합하도록 이물을 제거한 것

ⓑ 동결건조 로열젤리 : 생 로열젤리를 동결 건조한 것 (−40℃이하)

ⓒ 로열젤리 제품 : 위의 ⓐ, ⓑ 외의 로열젤리 가공식품으로 로열젤리 (생로열젤리 35.0% 이상, 동결건조 로열젤리 14.0%이상)를 제조, 가공한 것

성분	규격
PH	3.5
질소 (%)	1.9~2.5
당 (%)	9~13
회분 (%)	1.5 이하
물추출물 (%)	22~31
알코올추출물 (%)	14~22

<표10-7> 유충시기의 로열젤리 분비 및 급이

분 비	색 상	공급기간 (일)	공급형태
어금니샘	유백색	유충 최소 3일간	거의 유백색
하인두샘	맑은색	유충 마지막 2일간	유백색(1), 맑은색 (1)
화분	화색	평 균	유백색(2), 맑은색 (9), 황색(3)

<샘세포가지>

하인두
겹눈
큰턱
(어금니)
큰턱

하인두

<로열젤리의 분비와 여왕벌>

왕대(로열젤리)

↓

당분섭취증가
(유충최초 3일간)

↓

유약호르몬
(JH)증대

↓

여왕벌 탄생

<그림10-1> 일벌의 머리에 분포한 분비샘

<로열젤리 생산작업> <인공왕대 양성>

<그림10-2> 로열젤리 생산

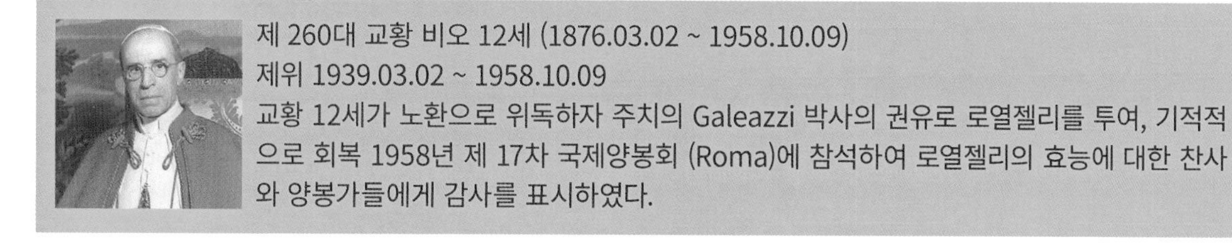

제 260대 교황 비오 12세 (1876.03.02 ~ 1958.10.09)
제위 1939.03.02 ~ 1958.10.09
교황 12세가 노환으로 위독하자 주치의 Galeazzi 박사의 권유로 로열젤리를 투여, 기적적으로 회복 1958년 제 17차 국제양봉회 (Roma)에 참석하여 로열젤리의 효능에 대한 찬사와 양봉가들에게 감사를 표시하였다.

02 밀랍 (Bee wax)

1. 밀랍이란

(1) 출방 14일령 이상 된 일벌의 복부의 밀랍 분비샘에서 2mm 정도의 얇은 5각형 조각을 분비하는 것을 발견 (1774년 Hombostel)

(2) 유밀기에 일벌들이 밀랍 분비가 왕성할 때는 2일에 한 장의 벌집을 만듦

(3) 5일령에서 최대로 생산되며 1kg 생산에 꿀이 약 4kg 소요된다.

(4) 밀랍 100g으로 약 7,000개의 방을 축조할 수 있으며, 일벌집 10,000개를 만들려면 약 141g이 소요된다.

(5) 꿀과 화분이 혼합되어 구수한 맛을 풍긴다.

2. 생산

밀랍 생산량은 꿀벌의 특성, 밀원 등에 따라서 다르나 벌꿀 생산량의 약 1.4~1.6% 정도

(1) 이광법

벌집과 벌집 사이를 조금씩 넓게 배열하면 벌집도 높게 지어 원래 간격으로 집을 짓게 되는데 꿀 저장도 많이 할 수 있을 뿐만 아니라 채밀 시에 봉개된 벌집을 잘라낼 때에도 밀랍을 더 얻을 수 있다.

(2) 공광법

벌의 군세가 왕성할 때에 벌집을 빼내고 그 자리에 벌집틀을 넣어줘서 자연적으로 집을 짓게 한 후 잘라내서 밀랍을 얻는 방법인데, 밀랍 생산량은 많으나 저밀량이 줄어든다.

(3) 제랍법

묵은 벌집, 잘라낸 벌집뚜껑 밀랍, 왕대, 소초조각 등으로 부터 밀랍을 채취하는데 묵은 소비는 약 50%정도 얻을 수 있다.

3. 가공기술

굵은 삼베천자루에 밀랍재료를 통에 넣어 서서히 가열하여(40℃) 자루 속에 있는 밀랍이 녹아 나와 물 위에 뜨는 것을 식혀 굳은 것을 채취하는 열탕법과, 밑에 철망이 붙은 유리통에 넣어 재료를 넣어 햇볕이 잘 드는 곳에 방치하면 그물망 밑으로 녹아내리게 하는 태양열 이용법으로, 채취율이 20 ~ 50%로 낮으나 비용이 적게 드는 장점이 있다.

4. 이화학적 조성 및 특성

(1) 화학적 조성

C24 ~ C48을 가진 지질과 탄수화물의 복합체

성분	함량(%)
에스테르 (1가35%, 2가14%,3가3%)	52
수산화탄소	14
수산화 다가에스테르	8
수산화 1가에스테르	4
유리지방산	12
유리알코올	1
기타	6

(2) 물리적 특성 : 생산된 꿀벌의 종류에 따라 달라진다.

① 융점 : 62 ~ 64 ℃

② 비중 : 0.95 ~ 0.96

(3) 산가, 요소가

동양종, 인도종은 각각 6.8~7.0과 6.7~8.0인데 비하여 유럽종(서양종)은 각각 19.2, 10.2로 다소 높은편이었다.

<표10-8> 아시아 계통벌의 조밀랍의 성상

	산가	검화가	로열젤리 제요소가품	융점 (℃)
인도최대종	7.0 (4.4~10.2)	96.2 (75.6~105.0)	6.7 (4.8~9.9)	63.1 (60~67.0)
인도최소종	7.5 (6.1~8.9)	103.2 (88.5~130.5)	8.0 (6.6~11.4)	64.2 (63.0~69.0)
인도종	6.8 (5.0~8.8)	96.2 (90.0~102.5)	7.4 (5.3~9.2)	63.0 (62.0~64.0)

5. 벌(꿀벌)과 다른 곤충들이 생산하는 밀랍의 융점 비교

벌류		곤충류	
종류	융점 (℃)	종류	융점 (℃)
서양종	63 ~ 65	락깍지벌레	72 ~ 82
동양종	65	이세리아 깍지벌레	78
인도최대종	64	쥐똥밀 깍지벌레	82 ~ 84
인도최소종	63	선인장 깍지벌레	99 ~ 101
뒤엉벌	34 ~ 35		
가위벌	64.6 ~ 66.5		

6. 사용분야

분 야	내용
공업용	소초제조, 인쇄용 염료, 구두약, 색연필, 만년필제조, 광택제, 방수제, 방부제, 절연제, 플라스틱 제조
약 용	연고제 및 경고제의 기초재료, 한약재료, 제과연료
화장품	화장품 제조 시 원료 (크림, 비누, 립크림, 샴푸 등)

7. 위 건강에 효과

(1) 벌집추출물 (비즈왁스 알코올)

- 6주 복용 후 속 쓰림, 복통, 구토, 위산역류 완화
- 개선 효과 인정 (2013년 식품의약품 안전처)

(2) 시판 기능성 식품 : 아벡솔지아이 (레인보우 네이처)

<양초제조작업>

<벌통밑판에 떨어진 밀랍덩어리>

<밀랍 생산>

<그림10-3> 밀랍 생산과 이용

03 벌독(Bee venom)

1. 역사

· 고대 그리스의 의학의 아버지 히포크라테스 (BC460~377)시대에 이미 벌침을 사용하였다고 기록되어 있으며 벌독을 “Arcanum” 즉 “신비의 약” 이라고 하였다.

· AD 130~200년 그리스의 생리학의 아버지 Galen은 그의 저서에서 500여종의 꿀벌 치료법을 기술하였다.

· Muffet (1658)은 그의 저서에서 꿀벌이 벌집에서 나오자마자 갈아서 포도주나 우유와 함께 마시면 뇨석, 담석을 분해시켜 피하조직의 염증을 낫게 할 뿐만 아니라 붉은 여드름도 낫게 했다고 기록하였다.

· 독일의 Wolf(1858)는 꿀벌의 독이 외과 및 내과적 질환을 낫게 했다고 기록하였다.

· Scientific American (1904.05.13) 저널에서 벌침이 류머티즘을 완화시켰다고 발표하였다.

2. 벌독의 개요

일벌, 여왕벌의 독샘에서 만들어지는데 약 40여 종의 각종 단백질을 75% 함유한 액체로써, 독샘에서 분비 시 약 70%는 휘발되고 30% 정도가 남게 된다. 마리당 0.3g을 생산하며 1회에 0.04mg을 분비하게 되는데 1g을 생산하려고 하면 무려 25,000 마리가 소요되는 셈이다. 15일령 일벌에서 최대로 생성되며 그 이후로는 생성되지 않는다. 최근 들어 의약품 또는 화장품에 이르기까지 그 이용도가 점점 확대되고 있다.

3. 벌독의 특성

① 물리적 특성

- 맑고 투명한 액체로써 쓴맛이 난다.
- 물이나 산에는 녹지만 알코올에서는 녹지 않는다.
- 벌독액은 공기 중에 노출될 경우 즉시 말라서 중량의 70%는 손실된다.
- 열에 매우 안정적이며 100℃에 끓여도 독성은 변하지 않는다.
- 영하로 얼려도 그 성질은 파괴되지 않는다.
- 습도만 잘 유지되면 수년 동안 그 특성은 유지된다.
- PH 5.2 ~ 5.3

② 화학적 특성

- 산화성 물질에 의해서 파괴되기 쉽다. (염소, 브롬, 옥소 등)
- 강한 알칼리성 물질에서는 독성이 쉽게 떨어진다.

③ 인체에 대한 반응

- 정상적인 피부에는 영향이 없으나 민감한 사람은 발진이 생길 수 있다.
- 눈이나 코 점막에는 매우 강하게 작용하나 침샘, 위액, 장 효소에는 쉽게 파괴된다.

4. 채취방법 및 시기

· 벌독을 채취하는 방법으로 일벌을 잡아 유리판에 쏘이게 해서 얻거나, 벌독주머니 또는 침을 뽑아내어 용매에 녹여 얻는 방법 그리고 전기적 쇼크를 줘서 벌독을 분비케 하거나 유리전기판에 전기쇼크를 일으켜 배출되는 벌독을 채취 대량생산 기술들이 개발되었다.

· 5~9월 사이 (23~30℃) 주 2회 채취가 가능하다.

5. 이화학적 성분조성 및 관련작용

① 단백질성분 (Peptide류)

② 아민류 (Amines)

단백질성분	
멜리틴 (Melittin)	40~50% (용혈작용, 주성분)
아파민 (Apamin)	2~3% (신경진통작용)
MCD 펩타이드 (MCD-peptide)	2~3% (함염작용)
아돌라핀 (Adolapin)	1% (소염작용)
세카핀 (Secapin)	0.5%
텔티아핀 (Tertiapin)	0.1%
프로카민 (Procamin)	1.4%

아민류	
히스타민 (Histamine)	0.6~1.6%
도파민 (Dopamin)	0.13~1.0%

③ 효소종류

효소종류	
포스포리파아제 (Phospholipase A2) (12%)	혈관확장, 혈압강하작용
히알루로니다아제 (Hyaluronidase) (1~3%)	가려움증 유발
2-글루코시다아제 (2-Glucosidase) (0.6%)	
리소포스포리파아제 (Lysophospholipase) (1.0%)	

④ 무기질 : 칼슘(Ca), 마그네슘(Mg), 나트륨(Na), 염소(Cl), 칼륨(K), 불소(F) 등

6. 효능 및 이용

(1) 인체 질병치료

류머티즘 관절염, 염증억제, 신경계질환, 간질환, 피부질환, 동맥경화, 임파세포 및 적혈구 재생증가, 혈압강하 등

① 파킨슨병 치료효과 (경희대 한의대 연구진)

〈증상〉

- 떨림, 경직, 굼뜬 동작, 자세 불안정
- 60세 이상의 약 1%의 노인성 질환

〈주원인〉

- 소신경교세포의 뇌 면역세포의 이상으로 인해 발생
- 신경전달물질인 도파민이 분비되지 않기 때문 (자기면역세포가 도파민이 분비되는 정상적인 신경세포를 잡아먹음)
- 면역세포가 지나치게 힘이 세져 자기자신의 몸을 공격

〈봉독효과〉

- T 조절세포가 뇌의 소신경세포를 억제 - 뇌 질환을 면역조절로 치료
- 봉독자체는 분자량이 커서 뇌에 스며들지 못하지만 조절 T 세포는 혈관을 통해 뇌로 들어갈 수 있다.
- Dopamine투여 시 소신경세포는 줄어들고 신경세포는 크게 증가

② 교통사고 후 통증치료 (경희대 한의대)

· 봉독 치료법으로 어혈을 제거하고 혈액순환을 촉진시켜 치료효과

③ 여드름치료에 효과 (농촌진흥청, 대구가톨릭 대)

· HBV-DS-1401 (임상시험실시)

(2) 가축질병

· 관절염 치료 (경주마)

· 가축분만, 소화 및 호흡기 질환, 면역력 증진(항균, 항염), 세포재생, 혈액순환 촉진

(3) 화장품 개발 (2010년)

· 피부질환 (여드름치료제) 제 7종 생산

· 수출 (영국) = 판매 1위 (Holland & Barrett 화장품회사), 호주, 뉴질랜드, 미국

(4) 순수벌독생산정제품 수출 (2011년)

· 정제벌독 1kg (약 4억 원) 영국에 수출

· 2012년 미국 수출 결정

<표10-9> 벌독제품 허가현황

제품명	제조회사 (허가년도)	적용대상	제조형태
조인스	SK화학 (2001)	골관절염	정제
아피톡신	구주제약 (2003)	골관절염	주사제 (건조)
신비로	녹 십 자 (2011)	골관절염	켑슐
스티렌	동아제약 (2005)	위염	정제
모티리톤	동아제약 (2011)	소화불량	정제
a.c Care	동아제약 (2011)	기능성화장품	크림, 로션

<한상미 박사 농과원, 2012>

<벌독채취장면 (농진청 홍보자료)>

<벌독주사 - 소>

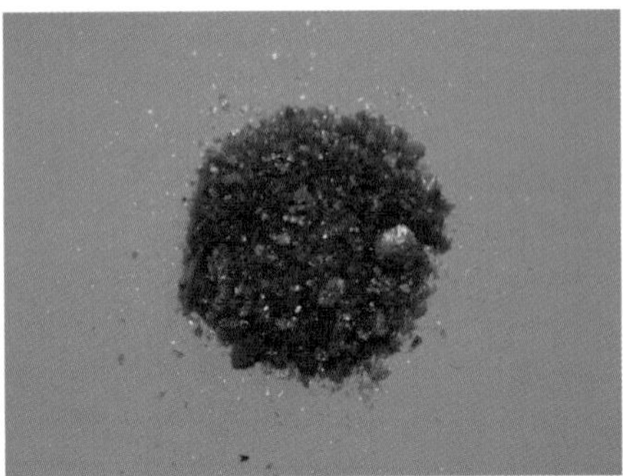

<채취된 벌독가루>

<벌독 주사제>

04 수벌번데기

수벌번데기의 식용화는 우리나라, 중국, 일본, 유럽 (루마니아)등지에서 가공 시판되고 있는데 우리나라에서는 황달, 복통 및 구토, 심장병, 풍진, 내장출혈, 대하등에 효과가 있는 것으로 알려져 있다 (본초강목). 중국의 경우 기력회복, 면역증강효과, 뇌조직활성화 (북경의대)등의 약리작용이 있음을 밝혔다.

수벌번데기를 이용한 가공식품의 개발이 되고 있는데 이때 사용되는 수벌의 연령은 16~20일령의 것들을 사용하며 특히 이들 성분 중 엽산은 번데기에서만 검출되고 있었으며 식이섬유도 함께 포함되어 있다. 단백질 (24.7%), 탄수화물 (24.7%), 조지방 (20.7%), 콜레스트롤 (4.2%), 칼슘, 철분, 그 외 비타민 류 중 비타민 A를 제외한 B1, B2, B6, D, E등 다양하게 포함되었다.
최근 들어 어린이나 노년층을 위한 동결건조에 의한 가공식품들이 개발 시판되고 있는데, 먹기에 편하도록 꿀, 초코렛, 땅콩 등을 첨가하거나, 보다 효능을 높이기 위하여 수벌번데기 가루를 동충하초 재배시에 배지로 사용하여 생산한 기능성 동충하초의 생산으로 소득을 올리고 있다.

<표10-10> 수벌번데기와 유충의 영양성분 및 함량비교

제품명		함량	
		제조회사 (허가년도)	적용대상
탄수화물 (%)		24.66	35.79
조단백질 (%)		46.73	36.45
조지방 (%)		20.75	18.84
포화지방산 (%)		11.13	10.51
콜레스트롤 (mg/100g)		4.23	1.98
비타민	A (mg/100RE)	불검출	불검출
	B1 (mg/100g)	1.46	2.31
	B2 (mg/100g)	1.21	0.47
	B6 (mg/100g)	1.27	0.52
	C (mg/100g)	불검출	불검출
	D (mg/100g)	2.85	2.45
	E (mg/100g)	0.98	0.98
	K (mg/100g)	불검출	불검출
나트륨 (mg/100g)		72.68	62.67
칼슘 (mg/100g)		38.34	53.28
철분 (mg/100g)		7.87	6.90
엽산 (mg/100g)		222.30	불검출
식이섬유 (%)		3.14	7.46

PART

11

꿀벌과 양봉

양봉산물 생산 및 이용 II

(야외 자연식물 생산 수집물)

PART

11

양봉산물 생산 및 이용 II (야외자연식물 생산 수집물)

01 벌꿀 (Bee honey)

1. 맛의 원조, 맛의 근본

(1) 정의

꿀벌들이 꽃, 수액 등 자연물을 채집하여 벌집에 저장한 벌꿀과 이것에서 채밀한 벌꿀로서 화분, 로열젤리, 당류, 감미료 등 다른 식품이나 식품첨가물을 첨가하지 아니한 것을 말한다. (식품공전)

- 그리스인 : "신들의 왕 즉 제우스 신을 길러낸 음식"
- 고대중국 : "모든 신들의 음식"
- 역사적 사실 : 동서양을 막론하고 꿀은 매우 귀한 음식으로 대접을 받아왔다.

(2) 벌꿀의 역사

- BC 7,000년경 : 스페인의 동굴벽화 – "나무에 달린 꿀을 뜨는 여인의 모습"
- BC 3,000년경 : 이집트 벽화 – "꿀 따는 모습"
- Honeymoon (밀월) : 고대 게르만 민족이 결혼 후 한달 동안 꿀술을 마시며 즐기던 관습에서 유래됨.
- 역사적 사실 : "동서양을 막론하고 꿀은 매우 귀한 음식으로 대접 받아왔다."

<표11-1> 벌꿀 이용의 역사

기록원	사용처
히포크라테스 (Hippocrates) (460~357BC)	상처치료
아리스토텔레스 (Aristotle) (384 ~ 322BC)	눈의 질병이나 상처에 연고제처럼 사용 (옅은 색 꿀)
셀시우스 (Celsius) (25년경 AD)	설사제 (설사나 복통), 감기와 인후통, 유착상처, 눈병
디오스크리테스 (Dioscorides) (50년경 AD)	그리스 이티카지방의 옅은 황색꿀은 궤양으로 헐은 곳, 햇볕에 탄 곳, 편도선염, 감기 치료에 효과
고대 그리스, 로마, 중국	통증, 상처, 피부궤양에 도포
중국	상처예방 : 색소침착, 주근깨 제거 및 피부개선, 종기, 심하게 부어 오른 곳, 피부의 청결, 암의 경우 부어 오른 상처에 발라서 통증을 최소화, 꿀을 희석해서 눈 염증에 사용, 수두치료, 입과 목구멍 속의 질병제거
컬페퍼 (Culpepper)의 완전한 식물향초 (17세기)	여러 가지 처방 – "지옥의 계곡" 정원 향초 이용
존 허트 (John Hutt)경 (1759)	벌꿀 덕분에 최악의 혼란과 몇 가지의 치유와 예방 효과 "항 세균작용 보고서"
미국제약협회 (1916, 1926, 1935)	일반감기 – 꿀물, 보리차, 꿀레몬쥬스 목의 통증이나 피부궤양 – 붕사 장미꿀
미국의학기록부	상처감염에 여러 가지 응용 처방 및 예방방법 기록

2. 벌꿀의 종류 (우리나라)

(1) 밀원식물 종류에 따른 종류

그 지역에 분포하는 밀원식물의 종류와 양에 따라서 특성을 갖게 되는데 우리나라의 주 밀원인 아까시나무는 1960~70년대에 사방용 또는 연료용으로 조성되어 왔는데 지난 수십 년간 제1의 밀원자원으로 70~80% 차지하고 있다. 물론 맛과 향 또한 세계적인 천연자원이다. 그 외 밤, 유채, 싸리, 메밀, 들깨, 피나무, 감귤 등이 약 6~7%, 나머지는 모두 잡화꿀이다. 밀원식물의 종류에 따라서 꽃꿀의 당 함량도 차이가 있는데 아카시아 55%, 유채46~55%, 메밀 46%, 클로버 23~44%, 해바라기 38~60% 등이다. 외국의 경우 네팔의 고산지대에 분포하는 철쭉의 일종에서 생산된 꿀은 독성 (Graynaotoxin)을 가지고 있으며, 뉴질랜드의 투투 식물에서 채취된 꿀도 신경독성을 일으키는 것으로 알려져 있다.

<표11-2> 우리나라의 주요밀원의 벌꿀과 당 함량

밀원 명	아카시나무	유채	흰색 클로버	붉은색 클로버	해바라기	메밀	사과나무
당 함량 (%)	55.0	46~55	26~44	23~38	38~60	46	38~87

<표11-3> 밀원 종류별 벌꿀의 종류와 특성

구분	색	맛과 향	품질	로열젤리 생산지 / 시기
아카시아꿀	백황색	감미롭다. 아카시아 향이 풍부	정조성액상 (잘굳지않음) 장기간 경과 시 미량 결정 생길 수 있음	- 전국적 - 5~6월초
밤꿀	흑갈색	맛이 쓰고 밤꽃 향이 짙다	점조성액상이 오래 지속	- 영, 호남, 경기지역 등 전국적 - 6월중
유채꿀	유백색	감미롭고 풀 향기가 남	채밀 후 일주일 후부터 굳어짐	- 제주도, 남부지방 - 4월초~5월초
피나무꿀	유백색		생산 후 점차 굳어져 작은 알갱이 상태. 잘 흘러내리지 않음	- 경북, 중부이북지방 (낙엽고목)
왕벗꽃꿀	노란색 ~ 연한분홍색	전형적인 딸기 향에 감미롭다		- 제주도, 남해일대 (낙엽고목), 가로수, 정원수
메밀꿀	백색 ~ 연한분홍색			- 전국 산간지, 강원지방 (1년생초본 류)
자운영꽃꿀	붉은 보라색			- 남부경남 진영 일대 (2년생초본식물)
밀감꿀	노란색	전형적인 밀감 향에 달고 약간 떫은맛		- 제주도, 남해안 일대
싸리나무꽃꿀	백황색		약 10°C이하에선 굳어짐	- 전국 각지의 산간지방 - 8월중
헛개나무꿀	황녹~ 황갈색			- 중부이남 해발 500~800m 산, 계곡(낙엽관목)
복분자꽃꿀	연한 붉은색	진한 딸기 향에 달고 감미롭다		- 전북일원(고창), 전국 야산
잡화꿀	황갈색		채밀 후 시간이 오래 경과하거나 기온이 낮아지면 일부가 굳어짐	- 전국 5~9월

<표11-4> 벌꿀의 종류와 특성 – 기능

종류	채취꿀벌 종류	꿀의 특성	기능
프티캄꿀 (Pouttikam)	흑색최대종	꽃꿀에 독성물질	- 열기를 높이고 가슴 통풍과 화기를 일으킴 - 진정제 (마취제)로써 상처를 치료하거나 지방을 감소시킴 - 요도감염, 용종, 괴양, 상처, 당뇨병에 효능
브라마룸꿀 (Bhramarum)	대형종벌	끈끈한 성질감	- 토열, 혈루이상 시 효과
크쇼우드람꿀 (Kshoudram)	중형종벌	황갈색 내지 옅은 황색 또는 한냉색	- 열 에너지를 분해시킴으로 당뇨병 처방 사용
막쉬캄꿀 (Makshikam) *의학적 가치가 가장 높다	소형적색벌	매우 맑고 수분함량이 적음	- 감기, 천식, 결핵, 눈병, 간염, 치질에 효과 (화기열병, 울화병 증상 시)
샤트라움꿀 (Chatraum)	히말라야지방 분포벌 (벌집은 우산형)	무겁고 한냉한 성질	- 통풍, 벌레 물린 데, 당뇨병 등 사용
아르갸꿀 (Arghyam)			- 감기, 눈 건강, 빈혈, 관절염 등
오우달라캄꿀 (Oudamakam)			- 피부병, 성대조절, 독성분해 역할 등
다람꿀 (Dalam)			- 갈증, 구토완화, 소화증진, 당뇨병 등

(2) 생산방법 및 제품에 따른 분류

① 분리밀 (Extracted hondy) : 소비에 저장된 꿀을 중력 또는 압착시켜 뽑아낸 꿀을 말하는데 그 형태적 특성에 따라 액상꿀과 결정상꿀로 나눈다.

② 소밀 (Comb honey) : 소비에 저장되어 밀개된 상태의 꿀을 일정한 크기와 모양으로 만들어 상품화한 소비상태의 꿀을 말한다.

3. 벌꿀의 생산

일반벌꿀 즉 분리밀을 생산하는 방법과 소밀 즉 벌집꿀을 생산하는 방법이 있다.

(1) 단상과 계상사육에 의한 생산 및 채밀

① 단상사육 (한 개 벌통)의 경우

꿀을 생산하는 방법에 따라 장단점이 있는데 일반 단상법의 경우 산란과 유충의 발육이 소비의 중앙에 집중되고 저밀은 소비의 윗부분에 저장됨에 따라서 완숙된 양질의 꿀을 얻기 어려우며 채밀 시에 어린 유충들에게 기계적 장해를 주게 된다. 즉 양질의 꿀을 생산하기 위해서 수직 격왕판을 사용해 산란과 유충발육실에 여왕벌을 격리시키고 채밀하는 방식인데, 양질의 꿀을 얻는 장점이 있으나 여왕벌의 산란유충 발육실이 좁아져 봉군발달에 제한을 받게 된다. 또한 여왕벌을 왕롱에 가두어 격리시켜 일시적으로 산란을 제한시키고 채밀하는 산란제한 방법이나 유밀기 직전에 여왕벌을 아예 다른 곳에 옮기고 더 많은 꿀을 생산할 수 있는 방법도 있으나 봉군의 발달번영에 제한을 받는다는 점을 유념해야 한다.

② 계상사양의 경우

계상사양 벌꿀 생산법은 밀원이 풍부하고 개화기간도 긴 지방에서 적합한 방법인데, 밑의 원벌통에 있는 봉개된 유충벌집을 모두 계상에 옮기고 수평 격왕판을 넣어 여왕벌의 계상출입을 억제시키고 위층에는 꿀만 저장하게 하고 여왕벌이 있는 밑의 벌통에는 산란과 유충발육실을 만들어줘서 채밀 시 양질의 꿀과 생산량도 늘릴 수 있는 이상적인 방법이라고 할 수 있다. 따라서 유밀기에 채밀을 시간적으로도 여유있게 할 수 있을뿐만 아니라 산란과 저밀에도 제한을 받지 않게 되므로 분봉열의 발생이 방지되는 장점도 있다.

(2) 채밀요령

채밀이란 소비에 꿀이 꽉 차있을 때 소비를 채밀기에 넣어 꿀을 분리해내는데, 단상일 경우에는 벌집 윗부위가 완전히 밀개되었을 경우에 그리고 계상일 경우에는 절반 이상 밀개됐을 때 실시한다. 채밀작업 시각은 오전 일찍 4~5시경부터 시작해 가급적 나갔던 벌들이 돌아오기 전인 9시 이전까지 마치는 것이 좋다. 채밀작업은 벌집을 꺼내 벌을 털어내고 (봉솔사용) 밀개된 벌집을 밀칼로 잘라내고 채밀기에 넣어 꿀을 분리시킨다. 채밀이 끝난 벌집은 잘 정리해 다시 벌통에 넣어 정상활동하도록 한다.

(3) 벌꿀의 숙성과 저장

꽃꿀은 수분이 50~60%나 되는데 벌들이 꽃꿀을 수집해 벌집방에서 일벌들의 혀로 빨아 마셨다가 다시 내놓는 담금질을 반복하는 과정에 소화효소가 가미되고, 날개의 선풍작용과 전화작용을 거치면서 수분의 함량은 30~40%로 낮아지고 완전히 저장이 끝나 2~3일 지나면 약 20% 정도의 꿀로 숙성된다. 벌꿀의 저장은 10℃정도의 서늘한 곳에 두는 것이 좋다.

4. 벌꿀 성분의 이화학적 조성 및 특성

벌꿀의 성분은 밀원식물의 종류에 따라서 다소 차이는 있으나 당 성분이 70~80%를 차지하는데 이중에서도 인체 내에 직접 흡수되는 단당류인 포도당과 과당이 대부분이다. 또한 필수 아미노산을 포함한 아미노산 류 17종, 비타민 10종, 미네랄 12종, 이외에 유기산, 단백질 등 인체의 신진대사에 필요한 물질들을 골고루 함유하고 있는 천연 완전식품 이라고 할 수 있다.

(1) 물리적 성질

① 색 : 벌꿀의 색깔에 따라서 색 측정기 (Pfund honey colour grade)에 의하여 7가지로 분류한다. (미국)

② 점도 : 벌꿀의 농도에 따라서 흘러내리는 정도가 달라지는데 열을 가할 경우 점도가 낮아진다.

③ 밀도와 비중 : 완숙된 꿀은 밀도가 높을 뿐만 아니라 저장 중 변질되지 않아 신맛이나 나쁜 냄새도 나지 않는다. 밀개된 꿀의 비중이 1.42인 경우에는 보관 중 변질될 우려가 있다.

<표11-5> 벌꿀의 색 측정기(Pfund honey colour grader)에 의한 등급분류

	물백색 (Water White)	< 9 mm
	유백색 (Extra White)	9 ~ 17 mm
	백색 (White)	18 ~ 34 mm
	초연호박색 (Extra Light Amber)	35 ~ 50 mm
	연호박색 (Light Amber)	51 ~ 85 mm
	호박색 (Amber)	86 ~ 114 mm
	짙은호박색 (Dark Amber)	> 114 mm

<표11-6> 온도, 수분, 밀원식물에 따른 점도의 변화

구분		25°C점도
수분함량(%)	15.5	38.0
	17.1	69.0
	18.2	48.1
	19.1	34.9
	20.2	20.4
온도 (°C)	13.7	60.0
	29.0	68.4
	39.4	21.4
	48.1	10.7
	71.1	2.6
밀원종류		(수분함량 16.5%)
	사르비아	115.0
	클로버	87.5
	흰클로버	94.0

<표11-7> 우리나라 벌꿀의 이화학적 특성

밀 원	페 놀 (mg/kg)	비 타 민 (mg/100g)	수 분 (%)	PH	전 해 도 uS/cm	회 분	산 도
아카시아	212.7± 84.26	1.52± 0.676	22.5± 3.3	3.6± 0.1	143± 35.8	0.07± 0.05	21.8± 4.9
밤꿀	916.2± 157.75	10.16± 2.115	22.5± 1.7	4.9± 0.8	952± 200.9	0.79± 0.29	32.7± 9.5
산벚나무꿀	388.8± 121.26	2.15± 1.261	19.5± 0.9	3.9± 0.3	217± 50.9	0.16± 0.01	28.7± 0.4
싸리꿀	334.9± 24.20	3.11± 1.303	20.6	4.6± 1.1	506± 188.1	0.25	37.5± 29.7
헛개나무꿀	360.7± 37.29	2.37± 0.560	19.2± 3.4	5.2± 0.3	411± 116.1	0.24± 0.09	33.3± 5.6
대추꿀	545.4± 45.72	4.33± 0.295	21.5± 2.2	4.2± 0.1	327± 100.7	0.49± 0.32	15.8± 6.3
밀감꿀	266.4± 45.10	1.64± 0.693	20.2± 1.9	-	123± 21.0	0.05± 0.00	3.7± 0.1
때죽나무꿀	222.7± 45.10	2.13± 0.147	19.6± 1.6	3.9± 0.1	175± 98.3	0.06± 0.05	27.1± 6.6
감로꿀	1180.2± 106.46	11.06± 0.737	15.1± 2.6	4.4± 0.4	440± 190.3	0.45	35.9± 16.0
메밀꿀	687.5± 118.02	4.80	17.4± 1.1	4.4± 0.3	431± 167.6	0.21± 0.04	35.8± 3.0
유채꿀	288.1	2.15	24.0± 1.7	3.7	89± 4.9	-	21.5± 0.0
붉나무꿀	578.3	4.28	18.8	4.2± 0.2	288	0.24	47.5
자운영꿀	199.6	1.04	19	4.5	135	0.03	30
들깨꿀	596.0	5.86	15.2	3.8	222	0.13	38.2
산초꿀	848.1	6.24	18.8	4.4	441	0.37	42.2

(2) 화학적 성질

① 꽃꿀 (Nectar)과 전화

각종 식물의 꽃의 꿀샘에서 분비 생산되는 단물은 60~80%의 수분과 20~40%의 자당 (Sucrose)으로 조성되었다 (밀원식물 제5장 참고). 일벌의 꿀위는 꽃꿀을 약 50mg 정도 저장할 수 있다. 따라서 20~30송이의 꽃을 찾아 다녀야만 다 채울 수 있게 된다. 일벌들은 꿀위 속에 채워온 꽃꿀을 벌통 내에서 일하는 일벌들에게 입에서 입으로 전달해 이들의 하인두샘에서 분비된 invertase와 꿀위 속의 글루코스 분해효소 등에 의해 가수분해돼서 꽃꿀 중의 자당 (Sucrose)은 과당 (Fructose)과 포도당 (Glucose)으로 전화되게 되며, 포도당은 다시 산생성 효소균에 의해 각종 유기산 (글루코닉산)을 생성하는 변화를 일으킨다. 즉 벌꿀은 꽃꿀의 주성분인 설탕 (Sucrose)이 꿀벌의 소화효소에 의해 과당과 포도당으로 전화된 상태로 벌집에 저장된 전화당이라고 한다.

<표11-8> 벌꿀과 화밀의 성분 조성 비교

성분	벌꿀	화밀
수분 (%)	19.5~20.7	65.0~80.0
당 (%)	68.0~74.0	20.0~35.0
질소 (%)	0.01~0.04	0.01
Ether 추출물 (%)	0.02	Trace
회분 (%)	0.08	0.01
적정산도	57	4
pH	3.7	19.5~20.7

② 벌꿀의 결정

일반적으로 목본류 식물 (아까시, 밤나무 등)에서 생산되는 꿀은 포도당과 과당의 비율이 1.45로 일년생 초본류 (유채, 메밀, 자운영 등)에서의 비율 0.8~1.1보다 훨씬 높기 때문에 꿀의 결정이 거의 생기지 않는다. 특히 포도당과 물의 함량의 비가 1.70 이하일 경우 결정이 잘 되지 않는 반면에 2.10 이상이 되면 꿀에 결정이 생겨 굳게 된다. 즉 밀원의 종류에 따라 꿀의 성분이나 저장 환경에 따라서 영향을 받게 된다. 즉 포도당은 단맛이 설탕보다 덜하고, 체내 흡수가 빠르고, 결정력도 강한 반면에, 과당은 설탕보다 단맛이 강하고 점도가 낮고 매우 강한 흡수작용으로 인하여 좀처럼 결정되지 않고 굳지 않는다.

③ HMF (HydroxyMethyfural)

과당이 산에 의해서 가수분해될 때 생기는 무색의 방향성 액체인 furan의 유도체 물질로 일반적으로 식품의 갈변현상 시 중간단계에서 생성되는데 인체에는 무해하다. 이러한 현상은 열이나 빛의 영향으로 생기는데, 25℃에서 일 년 동안 저장 시에 kg당 약 30mg이 생성되는데 비하여 60℃에서는 3일 만에 같은 량이 생기게 된다. 따라서 순수한 천연벌꿀에 다른 감미료가 첨가 혼입되는 것을 방지하기 위해서 80mg/kg이라는 규정이 있으나 이성화당을 검사함에 따라서 큰 의미가 없다.

④ 벌꿀중의 수분

포도당 (glucose)에 결합된 결합수가 유리되어 나와 꿀속에 있던 효소들이 증식되여 발효현상이 생기게 된다. 따라서 수분함량이 17% 이하에서는 부패성 미생물의 발생이 억제된다. 식품규격 기준은 20% 이하이다. (한국식품공전)

<수분측정기>

⑤ 회분량

순수한 천연꿀에는 Na 함량이 극히 낮은 반면에 이성화당 (HFCS : High Fructose Corn Syrup)에는 K 이온이 다량 축적되었다. 꿀의 양을 늘리기 위해서 이성화당을 증량제로 사용하는 것을 조사하기 위해서 Na와 K의 비례관계를 검사하여 혼합여부를 판정하게 된다. (예시. 순수벌꿀의 값 평균 26.8, 이성화당 11,400~20,000)

⑥ 탄소비 검사에 의한 벌꿀 내의 당검사

일반적으로 자연계에 분포하는 식물들을 탄수화물을 고정하여 생산하는 방식에 따라서 C3 식물군과 C4 식물군으로 나눈다. 즉 C3식물군에 속하는 식물군에는 대부분의 밀원식물들이 이에 속하는데 아카시아, 밤나무, 메밀들이 있으며, C4 식물군에는 물엿, 올리고당 (이성화당)의 원료로 사용되는 사탕수수, 옥수수 등이 있다. 벌꿀의 탄수화물 성분을 정확히 측정하기 위해서는 고가의 탄소동위원소 분석장치를 이용해서 벌꿀의 탄소비율 즉 13C/12C를 분석한 결과 δ13C의 값이 C3 식물군에서는 −22~−33, C4 식물군에서는 −10~−20의 범위에 분포한다. 따라서 이와 같은 탄소동위원소 분석에 의한 비율은 어떠한 물리화학적 혼합작용 하에서도 변함없이 일정한 결과 수치를 나타내기 때문에 순수한 천연벌꿀의 당분을 검사하는데 사용되고 있다.

<표11-9> 각종 밀원식물의 종에 따른 벌꿀의 탄소비

식물군	밀원식물 종류	탄소비값 δ
C3	아카시아꿀	-23 ~ -26.1
	유채, 밤꿀	-26.4 ~ -28
	클로버, 메밀, 알팔파, 오렌지꿀	-23.4 ~ -26.4
C4	설탕 (사탕수수, 옥수수)	-11.0
	이성화당 (물엿, 올리고당)	-9.0 ~ -10.6

<표11-10> 벌꿀에 함유된 효소와 역할

종류	기능	공급원	관련문헌
d-글루코시다아제 (d-Glucosidase) (전화효소 invertase)	Sucrose를 과당과 포도당으로 분해	꿀벌	Sanchez 등 2001
아밀라아제(Amylase) (디아스타아제 diastase)	녹말, 글리코겐, 기타다당체들을 작은 설탕알갱이로 분해	꿀벌	Shepartz, Subers 1964 Ohashi 등 1999 Babacan, Rand, 2005, 2007
포도당 산화효소 (Glucose oxidase)	글루코스를 글루콘산과 물로 분해	꿀벌	Shepartz, Subers 1964 Ohashi 등 1999 Babacan, Rand, 2005, 2007
카탈라아제(Catalase)	H_2O_2를 H_2O와 O_2로 분해	꽃꿀, 화분	Huidobro 등 2005
산인산화효소	소화와 관련된 여러 분자와의 촉매역할	꽃꿀, 화분	Huidobro 등 2005 Alonso-Torte 등 2006

<T. Farooqui & A.Farooqui, 2014>

⑦ 벌꿀의 품질 변화

ⓐ 저장 중 변화

벌꿀은 벌꿀 내 수분함량과 외기의 수분함량에 차이가 생길 경우 즉 외기의 습도가 높을 경우 꿀은 강한 흡습성으로 인하여 꿀의 표면과 내부와의 수분함량의 차이가 생겨 발효현상을 일으키게 된다. 변질현상이 생기게 되는데 19%의 습도를 넘을 경우 언젠가는 끓어 넘쳐 기포가 생기고 또한 알코올을 생성하게 되고 결국 초산이 발생하게 되는데 이럴 때는 적절한 온도를 가열해서 발효의 진행을 억제시켜야 한다.

ⓑ 가열에 의한 변화

· 가열 (40~90℃)시 fructose량이 많이 감소하게 되며 glucose, sucrose의 가수분해로 인하여 수분이 증발되어 꿀의 점도가 낮아지게 된다.

· 효소 (glucose oxidase)의 사멸로 인하여 발효가 정지된다.

· 유리 산도는 감소하고 락톤의 산도는 증가한다.
· HMF의 증가로 꿀은 갈변현상이 발생한다.
· 고유의 꿀 향기는 변화된다.

<표11-11> 온도에 따른 당류의 감미도 변화

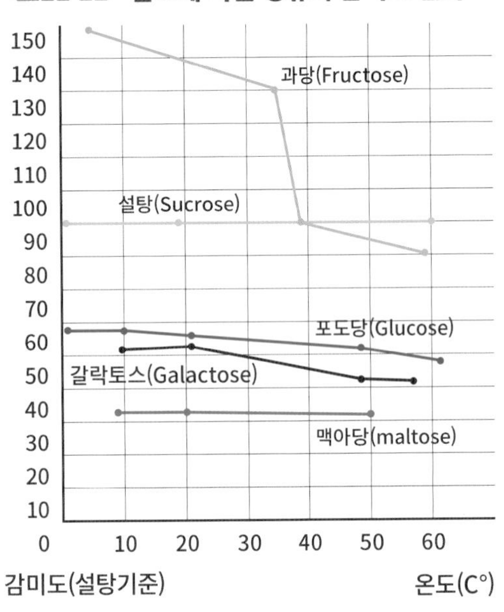

5. 벌꿀의 효능

탄수화물 (포도당 + 과당), 각종 아미노산, 무기질, 비타민 등이 고루 함유된 천연 종합 알칼리성 식품

(1) 포도당과 과당이 풍부하여 생채활동에 필요한 에너지원이 됨

(2) 영양 칼로리는 우유의 6배

(3) 인체에 필요한 미생물 (비피더스균 등)이 다량 함유

(4) 각종 아미노산은 성장 촉진과 대사 작용을 원활하게 함

(5) 각종 비타민과 미네랄은 신체 대사를 촉진시켜 신체 균형을 유지시킴

(6) 혈액응고와 적혈구 수를 증가시킨다. (유아 : 1일2회 복용 시 8.7% 증가)

(7) 살균작용 (대장균, 장티푸스 균, 이질 균 헬리코박터 파일로리균)과 해독, 노폐물을 원활하게 배출시킨다.

<표11-12> 벌꿀의 성분 및 효능

구분	종류	구성비 (%)	효 능	비고
당류	포도당	30~40	· 에너지원 · 체내 노폐물 배출 · 장내 유익 비피더스균의 증식	· 열량 432cal/100ml · 비중 1.4~1.45
	과당	30~45		
	자당	1~10		
	올리고 당	1~10		
	맥아당	0.5~3		
	총당	70~80		
아미노산	17종	0.2~0.5	· 성장조직 및 대사조직 강화	· 필수아미노산
비타민	10종	0.05%이하	· 신체의 균형유지 (신진대사 촉진)	
미네랄	12종	0.1% 이하		
유기산		3% 이하		
효소		극미 량		
수분		20% 이하		

<표11-13> 벌꿀에 함유된 비타민의 종류, 작용 및 결핍증

구분	종류	구성비 (%)	효능
B1	5.5	탄수화물 대사	각기, 당뇨병
B2	61	발육촉진, 간장기능 강화, 피부조성	영양장애, 구강염, 간장장해
B6	299	피부의 건강유지	피부염,습진
엽산	3	조혈, 성장촉진	악성빈혈
니코틴산	0.1	조혈, 소화촉진	피부염 (펠라그라)
판토텐산	115	성장촉진, 노화방지	노인병
비오틴	0.066	중년 이후 발육촉진	영양장해
C	2.4	노화방지, 조혈, 저항력보강	괴혈병, 빈혈
K	25	지혈, 해독, 이뇨	심장근육 이상
콜린	1.5	발육촉진	발육부진

<표11-14> 꿀중에 함유한 미량요소

효소	아미노산	미네랄	비타민	폴리페놀 (항산화물질)
아밀라제	씨스테인	칼슘	C (Asebribie산)	Apigenin
a-포도당분해효소	폴전	구리	B1 (thiamine)	Luteolin
포도당산화효소	글루타민	철분	B2 (riboflavin)	Chrysin
촉매제	라이신	마그네시움	B3 (Niacin산)	Galangin
산	트립토판	망간	B5 (Pantothenic산)	Myricetin
		칼륨	B6 (Pyridoxine)	Quercetin
		아연	B9 (Folic산)	Kaempferol
		인	비타민K	Naringenin
		크롬		Pinocembrim
		세슘		Pinobaskin
				Acacetin
				Hesperetin
				Caffeic acid
				Cafleic acid
				Phenyester

<표11-15> 벌꿀중에 함유된 무기질의 종류, 작용 및 결핍증

종류	함량 (ug/kg)	작용	결핍증
칼슘	49.0	뼈, 치아 생성	뼈, 치아부실, 성장정지
철분	2.4	Hemoglobin 형성	빈혈
구리	0.29	철분, 헤모글로빈 생성	영양성 빈혈
망간	0.30	생식 성장	태아발육 불량, 생식장애
인	35.0	세포증식, 뼈, 치아 생성	뼈, 태아부실, 성장정지
유향	58.0	필수아미노산 구성	필수아미노산 형성 정지
염소	52.0	위액 분비	소화불량, 식욕부진
나트륨	76.0	심장근육 기능 조절	심장근육 이상
규소	8.9	피부탄력 유지	피부탄력 저하
마그네슘	1.9	탄수화물 대사, 신경조절	신경이상, 흥분, 탄수화물 대사 이상
칼륨	22.0	심장근육 기능 조절	심장근육 이상
규산	205.0	피부탄력성 유지	피부탄력성 저하

<표11-16> 벌꿀에 함유된 항산화제인 페놀화합물과 밀원식물과의 관계

항산화물질	꿀의 종류	문헌소재
(플라보노이드와 페놀산) 피노셈브린 (Pinocembrim), 피노방크신 (Pinobanksin), 크리신 (Chrysin)	유럽산 꿀 (대부분)	Tomas-Barberan 등 (2001)
갈리긴 (Galangin), 캄페롤 (Kaempferol), 게르세틴 (Quercetin), 이소람네틴 (isorhamnetin), 루테올린 (Luteolin)	모든 꿀	Petrus 등 (2011)
헤스페레틴 (Hesperetin)	레몬, 오렌지 꿀	Ferreres 등 (1993,1994), Handy 등 (2009)
나라긴(Narangin)	레몬, 오렌지, 장미, 로즈마리, 벗꽃 꿀	Petrys 등 (2011)
캄페롤 (Kaempferol)	로즈마리 꿀	Petrus 등 (2011)
		Cherechi 등 (1994)
		Ferreres 등 (1998)
케르세틴 (Quercetin)	해바라기 꿀	Tomas-Barberan (2001)
카페인산, P-쿠말산, 페놀산	밤나무 꿀	Cherchi 등 (1994)
압신산	히스속 식물 꿀	Ferreres 등(1996)

<표11-17> 벌꿀 속에 함유된 플라보노이드가 심장보호 효과가 있다고 알려진 사실

그룹	종류	효과	관련문헌
플라본 (Flavone)	Acacetin, Apigenin Chrysin, Luteolin	- 혈관이완작용	- Calderone 등 (2009)
	Acacetin (o-methylated)	- 근육성 통증억제작용	- Gui –Rong 등 (2008)
	Apigenin	- 산화작용 압박에 대한 대동맥의 내피 의존적 이환 보호 - 심장 미소세포 보호효과	- Jin 등 (2009) - Psotova 등 (2004)
	Luteolim, Chrysim	- 세포내 철분과 활성산소 생산억제, - 과민성 혈압강하	- Vlachodimitropoulou 등 (2011) - Edward 등 (2007)
플라바논 (Flavanone)	Narangin Hesperetin Pinocembrin, Esperetin	- 항 아데로제니성 - 항혈소판작용 - 혈액이완작용	- Mulvihill, Huff (2010) - Jin 등 (2008) - Calderone 등 (2004)

플라보놀 (Flavonol)	Syringetin (0-metylated)	- 항혈소판작용	- Bojic 등 (2011)
	Quercetin	- 세포간 철분의 킬레이트 및 활성산소 생산 억제작용 - 과민성 혈압 강하	- Lakhanpal, Rai (2008) - Vlachodimitropoulou 등 (2011) - Edwards 등 (2007) - Egert 등 (2009)
	Quercetin, Kaempferol	- 심장 미소세포 보호효과	- Psotova 등 (2009)
	Kaempferol	- 내피의 독립 또는 의존적인 관상동맥 이완작용	- Xu 등 (2006)
카페인산 (Cafferic acid) (Phenylester)	CAPE	- 지질산화억제 및 심장 내당뇨성항산화 효소운반유도 - 항부정맥작용	- Okutan 등 (2005) - Huang 등 (2005)

<표11-18> 벌꿀이 여러가지 세균들에게 나타내는 항생작용

질병	각종 세균
탄저병	탄저균 (*Bacillus anthracis*)
디프테리아	디프테리아균 (*Corynabacterium diphtheria*)
설사, 패혈증, 요로감염, 상처감염	대장균 (*Escherichia coli*)
귀감염, 수막염, 뇌막염, 호흡기감염, 정맥감염	인플루엔자 균 (*Haemophilus influenzgae*)
폐염	폐렴균 (*Klebsiella pneumonia*)
수막염	단구성 리스테리아 균 (*Listeria mono*)
결핵	결핵균 (*Microbacterium tuberculosis*)
동물에 물린 상처감염	파스테라 증후군 (*Pasteurella multosis*)
패혈증, 요로감염, 상처감염	프로테우스균 (*Proteus sp.*)
요로감염, 상처감염	녹농균 (*Pseudomonas aeruginosa*)
설사	살모넬라균 (*Sallmonella sp.*)
패혈증	콜레라균 (*Sallmonella choleraesis*)
장티푸스	장티푸스균 (*Sallmonella typhi*)
상처감염	쥐티푸스균 (*Sallmonella typhimurium*)
패혈증, 상처감염	령균 (*Serratia marcescens*)
이질	이질균 (*Shingella sp.*)
용종, 농가진, 상처감염	황색포도상구균 (*Staphylococcus aureus*)

<표11-19> 벌꿀이 항생작용을 나타내는 각종 세균 감염질병

성 질	기능
요로감염	분내포도상구균(*Staphylococcus faecalis*)
충치	충치균(*Staphylococcus mutans*)
귀감염, 수막염, 폐염, 비감염, 정맥농염	페렴균(*Stretococcus pneumoniae*)
귀감염, 농가진, 분만열, 류마치스성열, 성홀열, 목구멍, 통증, 상처감염	황농성 포도상구균(*Staphylococcus pyogenes*)
콜레라	콜레라균(*Vibrio cholerae*)
요로감염, 상처감염	녹농균(*Pseudomonas aeruginosa*)
설사	살모넬라균(*Sallmonellasp*)
패혈증	콜레라균(*Sallmonella choleraesis*)
장티프스	장티푸스균(*Sallmonella typhi*)

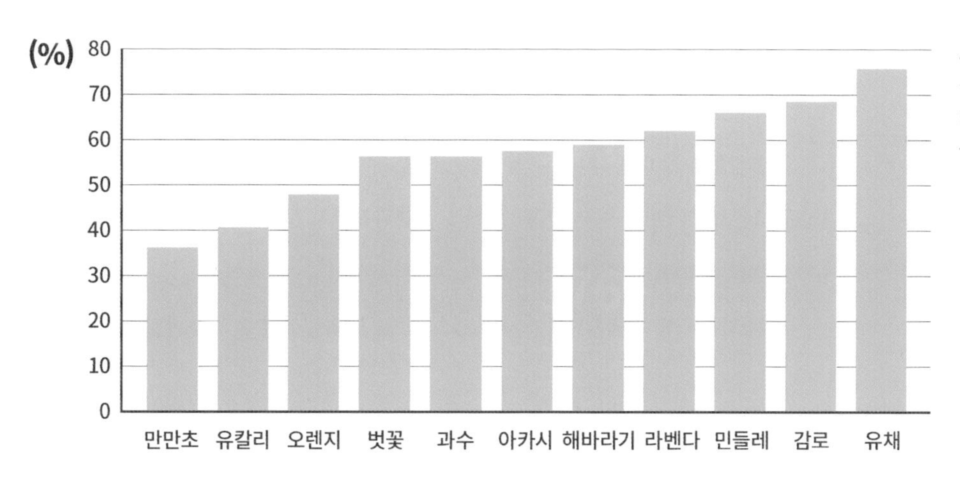

<그림> 여러 가지의 꿀이 황색포도상구균(S.auerus) 에 대한 무과산화작용 비교

<그림11-1> 벌꿀에 의한 세균성장 억제효과

<표11-20>벌꿀의 여러가지 기능과 이용분야

성 질	기능	이용분야
감미성	고당을 다량 함유	건강식품, 캔디, 과자 등
점착성	자연적인 코팅작용, 식품연료의 점조성을 유지시켜줌	샐러드 드레싱, 시리얼 등
보습성	수분을 장시간 보유하며 건조를 방지하여 활성을 유지시킴	제빵, 카스테라, 등 수분을 유지시켜주는 식품 류
혼화성	물에 잘 녹아 혼합이 용이함	소소, 음료 등
교질성	교질성이 높아 맛을 감칠나게 함	과일주스, 요쿠르트 등
흡수성	과당이 습기를 빨아들여 수축을 억제 모양과 중량을 그대로 유지시킴	햄, 저장육, 베이커리 제품 등
결정성	모양은 변해도 본질은 잘 변하지 않아 상온저장 가능	스프레이, 충진제 등
방향성	포도당과 같은 신맛을 높여주고 다른 향과도 잘 어울림	소소, 드레싱, 과자, 캔디 등
거품성	휘핑을 하면 끈끈해지고 가벼워짐	냉동 디저트, 제빵 종류 등
전성	스프레드, 제품도면 도말	시리얼, 케이크 등
PH	3.9로서 산성을 유지하면서도 타 식품과 잘 어울림	유제품, 음료 등
빙점	결정을 지연시켜주며 잘 얼지 않음	전자레인지 식품, 어린이용 디저트 등
영양성	미네랄, 비타민 등 함유	영양식품
방부성	식품의 산화방지 역할	과일샐러드, 건조과일

6. 밀원식물 종류에 따른 벌꿀의 부작용 (사례)

(1) 석청 (네팔 고산벌꿀) - Grayanotoxin함유

〈벌종〉 Apis laboriosa (흑색최대종)

〈밀원〉 네팔의 3,000m 이상 고산지대에 자생하는 철쭉의 일종 (*Rhododendron*)속의 식물

〈독성물질〉 Grayanotoxin

〈섭취증상〉 가슴답답, 울렁증, 구토, 심한 타액분비, 무력감 및 의기소침, 시야장애, 저혈압

(2) Tutu 나무꿀 (뉴질랜드 자생나무)

〈밀원〉 투투나무꽃에 신경 독성 함유 (1980년 이 후 밝혀짐)

〈섭취증상〉 어지럼, 구토, 발작혼수상태

〈안전기준〉 벌꿀 Kg당 2mg 이하

7. 벌꿀의 처방효과

(1) 위를 다스림

· 복통 : 생꿀 몇 수저 + 천일염

· 위염, 위궤양 : 꿀 + 무 → 엿처럼 고아서 먹음

· 천식, 마른기침 (불면증, 불안정 시) : 꿀 + 참기름을 따뜻한 물에 타 마심.

· 변비 (열병으로 장기 건조할 경우), 임산부 대변 복통 : 꿀물, 꿀참기름

(2) 피를 맑게 함

· 피의 생성작용에 도움

· 빈혈에 효과

(3) 설사, 장염 → 진한 녹차 + 꿀 → 하루 1~2회 음용 (살균효과)

(4) 부스럼, 화상 → 환부에 바름 (살균효과)

(5) 봄철 피부미용 → 노화피부의 재생효과, 주근깨 제거 (수분과 영양 공급) 풍부한 비타민 함유

〈벌꿀 팩 조제〉

ⓐ 벌꿀(2) +밀가루(1) +우유(2) 의 비율로 잘 섞음

ⓑ 세면 후에 고루 바르고 가제로 덮음

ⓒ 5분후 물로 씻고 화장수를 바름

(6) 상한 머릿발 미용 (파마, 드라이)

〈조제 및 사용방법〉

ⓐ 올리브오일(2) + 참기름(2) + 달걀(2) + 벌꿀(2) + 코코낫밀크(2) + 코코낫오일(1) → 믹서로 잘 섞어줌

ⓑ 세발 후 머리에 고루 바름

ⓒ 머리 마사지 5분 후 미지근한 물로 헹굼

(7) 벌꿀 치료요법

① 꿀은 식욕을 돋우며 소화 (대사)를 증진시킨다.

② 꿀은 눈과 시각, 심장에 좋다.

③ 꿀은 갈증을 가시게 하며 딸꾹질을 멈추게 한다.

④ 꿀은 체열을 내리거나 완화시킨다.

⑤ 꿀은 요로 이상현상, 벌레 감염, 기관지천식, 기침, 설사, 메스꺼움, 구토에 매우 효과적이다.

⑥ 꿀은 조직 내의 과립형성에 의한 상처 치료를 깨끗하게 한다.

⑦ 갓 채취한 꿀은 체중을 증가시키거나 약간의 하제 역할을 한다.

⑧ 오랫동안 저장 숙성한 꿀은 지방대사를 돕고 비만의 증세가 있을 시에 체지방 조직의 감소에 도움이 된다.

⑨ 꿀은 영양상태를 증진시키거나 조직의 결합을 자극시킨다.

⑩ 꿀은 진정제나 최면제 역할을 하거나 야뇨증에 도움이 된다.

⑪ 꿀은 훌륭한 항산화제로써 피부손상을 재생시켜 부드럽고 젊게 만들어 준다.

8. 기타 관련자료

(1) 벌꿀 종류별 기준 및 규격

<벌꿀 기준 규격>

성 질	벌집꿀	벌꿀	사양집벌꿀	사양벌꿀
(1) 정의	꿀벌들이 꽃꿀, 수액 등 자연물을 채집하여 벌집 속에 저장한 후 벌집의 전체 또는 일부를 봉한 것으로, 벌집 고유의 형태를 유지하고 있는 것을 말한다	꿀벌들이 꽃꿀, 수액 등 자연물을 채집하여 벌집에 저장한 것을 채밀한 것으로 숙성된 것을 말한다	꿀벌을 설탕으로 사양한 후 채취한 벌집꿀을 말한다	꿀벌을 설탕으로 사양한 후 채밀한 벌꿀을 말한다
(2) 수분(%)	23.0 이하	20.0 이하	23.0 이하	20.0 이하
(3) 물불용물(%)	-	0.5 이하	-	0.5 이하
(4) 산도(meq/kg)	-	40.0 이하	-	40.0 이하
(5) 전화당(%)	50.0 이상	60.0 이상	50.0 이상	60.0 이상
(6) 자당(%)	15.0 이하	7.0 이하	15.0 이하	7.0 이하
(7) 히드록시메틸푸르푸랄(mg/kg)	80.0 이하	80.0 이하	80.0 이하	80.0 이하
(8) 타르색소	-	불검출	-	불검출
(9) 인공감미료	-	불검출	-	불검출
(10) 이성화당	-	음성	-	음성
(11) 탄소동위원소비율(%)	-22.5% 이하		-22.5% 초과	
(12) 명칭변경 (시행 17.06.01)	그레이아노톡신			
	로열제리류			
	화분함유제품			

(2) 주요국가별 벌꿀 Kg당 도매가격 비교

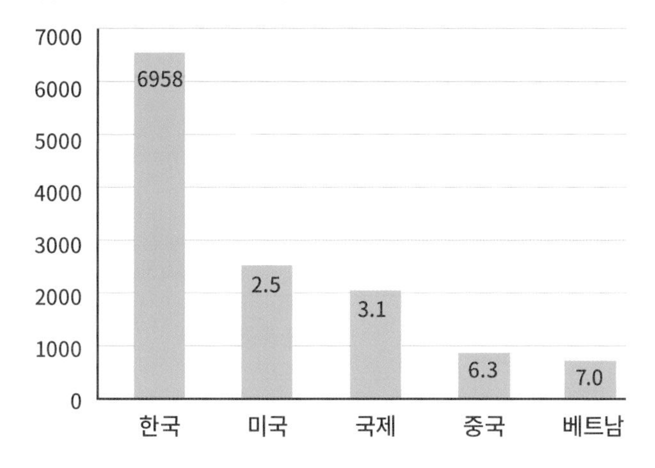

<그림11-2> 벌꿀의 국제가격 비교

( )가격대비배수 표시 (한국산 기준)
평균가격 (2001~2005), <한국양봉조합>

(3) 식품 별 당 지수

식 품 별	당 지 수	식 품 별	당 지 수
요구르트	14	으깬 감자	70
완두콩	18	당근	71
보리 콩	25	팝콘	72
복숭아	28	수박	72
탈지우유	32	꿀	73
사과	36	튀긴 감자	75
배	36	도넛	76
토마토	38	떡	82
포도	43	군 감자	85
혼합잡곡	45	설탕	90
흰 쌀밥	55		
빵 (크로와상)	67		
환타	68		

<표11-21> 세계 각국의 1인당 설탕 소비량

국가별	소비량 (kg)	비고
쿠바(Cuba)	61	
호주(Australia)	60	
브라질(Brazil)	56	
멕시코(Mexico)	50	
유럽연합(European Union)	48	
캐나다(Canada)	43	
소련연합(Former Soviet Union)	37	
남아공(South Africa)	36	
알제리(Algeria)	34	
이집트(Egypt)	34	
미국(United States)	34	
태국(Thailand)	30	
한국(Korea)	27	
일본(Japan)	18	
인도(India)	17	
인도네시아(Indonesia)	16	
중국(China)	7	
그 외 국가(Rest of World)	19	
World Average (평균)	21	

<완숙된 벌꿀>

<저밀실의 수분증발을 위한 선풍작업 (일벌)>

<밀개작업>

<그림11-3> 벌꿀의 저밀과 채밀

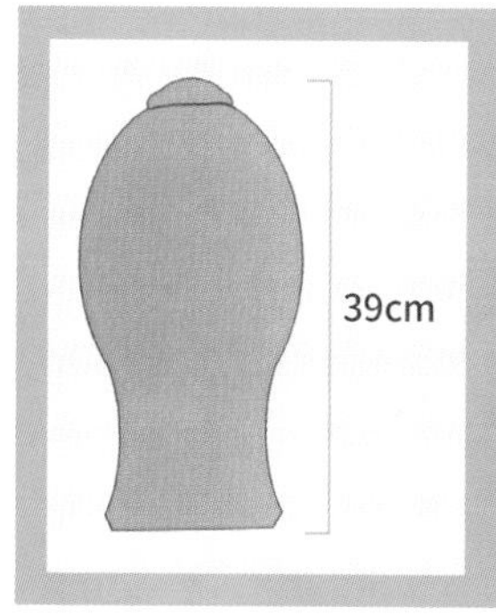

꿀단지

· 12~13세기 고려시대
· 청자매병, 음각매병에 담아 보관, 운송
· 병 주둥이에는 대나무 죽찰이 달렸음
· 충남 태안 앞바다 수중에 묻혔던 배에서 발견

02 화분(Bee pollen)

1. 화분의 역사

① 고대 페르시아, 중국, 이집트 등의 고문서, 성경, 코란 등에 나타남

② "클레오파트라"의 미용비결로 해바라기 화분을 먹고 얼굴과 몸에 발랐다는 기록

2. 화분의 수집 및 회수

① 일벌이 꽃에서 화분갈퀴로 수집하여 뒷다리의 밑발마디에 있는 화분주머니에 넣어 가져옴

② 일벌의 타액 분비물과 화밀로 반죽하여 벌집에 저장

③ 유충, 성충의 단백질 및 비타민 등 영영 공급원

④ 화분수집 후 귀소 시 소문 앞에 설치한 화분채집기 (구멍 크기 0.3cm)를 통과하면서 구멍에 걸려 서랍 밑으로 떨어지게 하여 회수한다.

3. 화분의 구조와 크기

① 밀원식물의 종에 따라서 다양한 크기 : 2.5μm~220μm (보통 40~50μm)

② 외막으로 된 이중막으로 싸여 있는데 그 모양과 크기는 밀원식물 종류에 따라서 전부 다르다.

③ 화분덩어리의 무게는 약 15mg (8.9 ~20.5)이며 덩어리당 약 100~400만 개의 소립자로 구성됨

<표11-22> 화분막의 구성

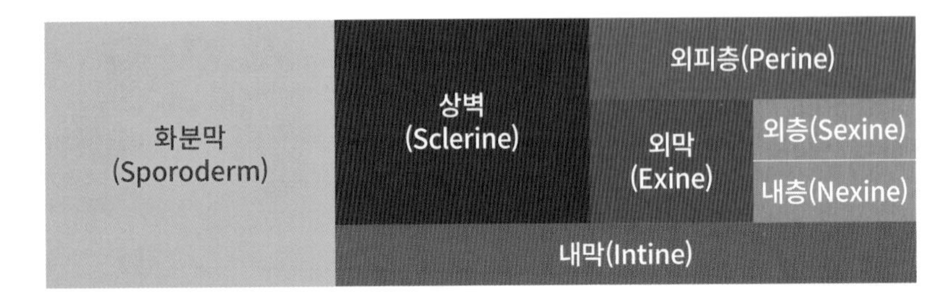

4. 화분 구성 물질의 화학적 조성

① 수분 : 10~12% (4~7%에서 장기간 보존가능)

② 탄수화물 : 35% (fructose 등)

③ 지방 : 5%

④ 단백질 : 20~25%

⑤ 비타민 : S군, 기타 (수용성, 지용성 비타민 다수)

(비타민 B군은 벌꿀에 비해 49~378배나 많은 것으로 알려져 있다.)

⑥ 무기질 : 칼슘, 마그네슘, 칼륨 등 (벌꿀, 로열젤리 보다 높다)

⑦ 아미노산 : 알라닌 등 필수아미노산 10종 외에 글루타믹산, 아스파라긴산, 시스틴, 글리신, 하이드로옥시 프로린, 프로틴 등이 함유. 이 중 sterol 0.5% 함유하고 있다.

5. 생산과 소비

하루에 통당 300g, 년간 30kg 생산이 가능하며, 소비는 주로 봄철에 어린벌을 키우는데 사용된다. (연간 20kg정도)

6. 화분의 효능

① 인간과 동물에 부작용이 없는 고단백 자연 영양식품 (열량 270kcal/100g)

② 신진대사 및 성장촉진에 영향을 주는 생리활성 천연물질 (오메가3,6, 인지질 등 풍부)

③ 생식선을 자극하여 전립선염 예방 및 합병증 치료효과 (아연의 효과)

④ 대장간상균과 살모넬라균에 항균작용을 나타내는 항생물질 존재확인

⑤ 사람의 체질에 따라서 알레르기 반응이 나타날 수도 있다.

7. 화분의 저장 및 보관

① 채집된 화분은 10~12%의 수분을 함유하는데 색소, 향, 영양소가 파괴되지 않도록 음건시켜야 하며 건열기 사용 시 45℃ 이하에서 건조시켜야 한다.

② 식품공전규격 상 수분 10% 이하로 건조시켜야 하며 완전 밀봉하여 10℃ 이하에 저장해야 한다.

③ 장기간 저장 시에는 동결저장 (-5℃)하거나 동결건조시켜서 저장할 수 있다.

<표11-23> 화분의 규격기준

항목 \ 유형	화분	화분추출물	화분 가공식품 / 화분추출물 가공식품
성상	고유의 색택을 가지고 이미 이취가 없어야 한다.		
수분 (%)	8.0 이하	8.0이하	10.0이하
		(단, 액상 페이스트상은 제외한다)	
조단백질 (%)	18.0 이하	20.0이하 (건조물로서)	5.0이하 (화분가공식품) 2.0이상 (화분추출물가공식품)
타르색소	불 검 출		
대장균군	음 성		
붕해시험	-	-	적합 (정제 및 캡슐제품에 한한다. 단 씹어먹는 것은 제외한다.)

<표11-24> 꽃 꿀떡 (화분단)의 비타민 B 복합체 함량

비타민	함량 (mg/kg)
비타민 B1(Thiamine)	6-13
비타민 B2(Riboflavin)	6-20
비타민 B3(Niacin)	40-110
비타민 B5(Pantothenic acid)	5-20
비타민 B6(Pyridoxine)	2-7
비타민 B7(Biotin : vitamin H)	0.5-0.7
비타민 B9(Folic acid)	3-10
비타민 B12(Cyanocobalamin)	1.5

<표11-25> 화분떡의 조제 (예)

성분	화분	효모	설탕	비타민	소금	물
량 (kg)	60 20*3	120 20*6	225 15*15	1	종이컵 3개	적량
비고	소독확인	단백질 함량 45% 이상				

<표11-26> 일반식품과 화분의 영양가 비교 (1,000kcal 기준)

종류	단백질 (g)	지방 (g)	칼륨 (g)	칼슘 (mg)	나트륨 (mg)	철분 (mg)	비타민		티아민 (mg)	리보플라빈 (mg)	니아신 (mg)	순위
							A (국제단위)	C (mg)				
화분	96.3	19.5	2.4	915	179	57	14,500	142	3.82	7.56	63.8	62
토마토	50.0	8.8	11.0	588	138	22	41,000	1,050	2.75	1.88	31.2	60
양배추	54.1	8.3	2.4	2,037	835	16	5,410	1,950	2.11	2.75	12.8	58
닭고기	152.8	35.9	2.0	60	484	8.9	484	0	0.28	1.29	57.7	31
콩	40.1	6.5	1.7	443	3,800	15	1,070	16	0.65	0.25	4.9	30
사과	3.4	10.3	1.9	122	19	5.3	1,560	68	0.53	0.34	1.9	27
빵	43.2	12.3	1.1	407	2,220	12	-	-	1.06	0.49	11.5	23
쇠고기	59.4	82.7	0.7	26	145	7.5	143	-	0.17	0.46	12.2	17

** 순위수치 : 각 식품의 영양분을 0~77까지 11개의 등급으로 나누어 계산한 수치임

<표11-27> 화분덩어리의 크기

직경 (μ)	크기	종류
< 10μ	매우 작음	물망초(Myosotis)
10-25 μ	작음	버드나무(Salix)
25-50 μ	보통	참나무(Quercus)
50-100 μ	큼	옥수수(Zea)
100-200 μ	매우 큼	호박(Cucurbita)
>200 μ	거대	분꽃(Mirabilis)

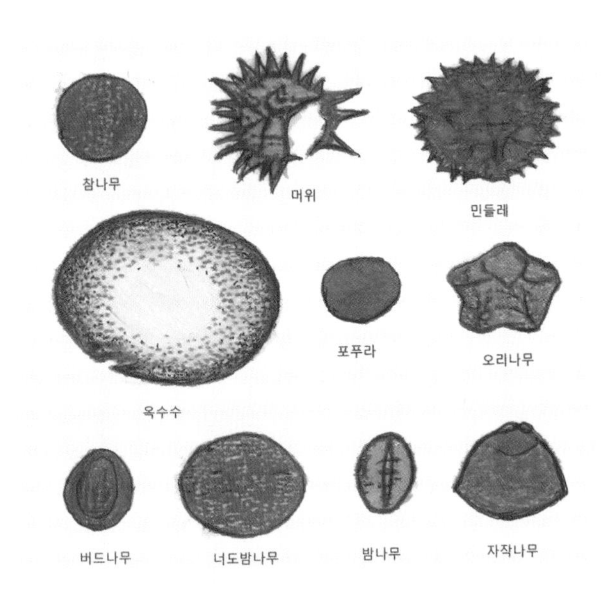

<그림11-4> 화분의 종류

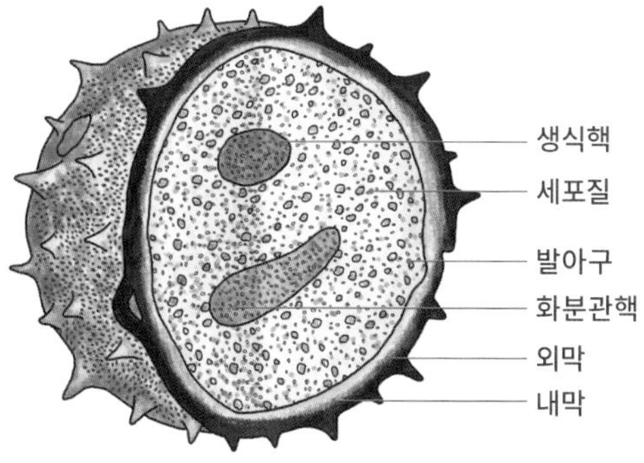

생식핵
세포질
발아구
화분관핵
외막
내막

<그림11-5> 화분입자의 구조

<그림11-6> 화분 수집과 채집

<화분채집기 설치>

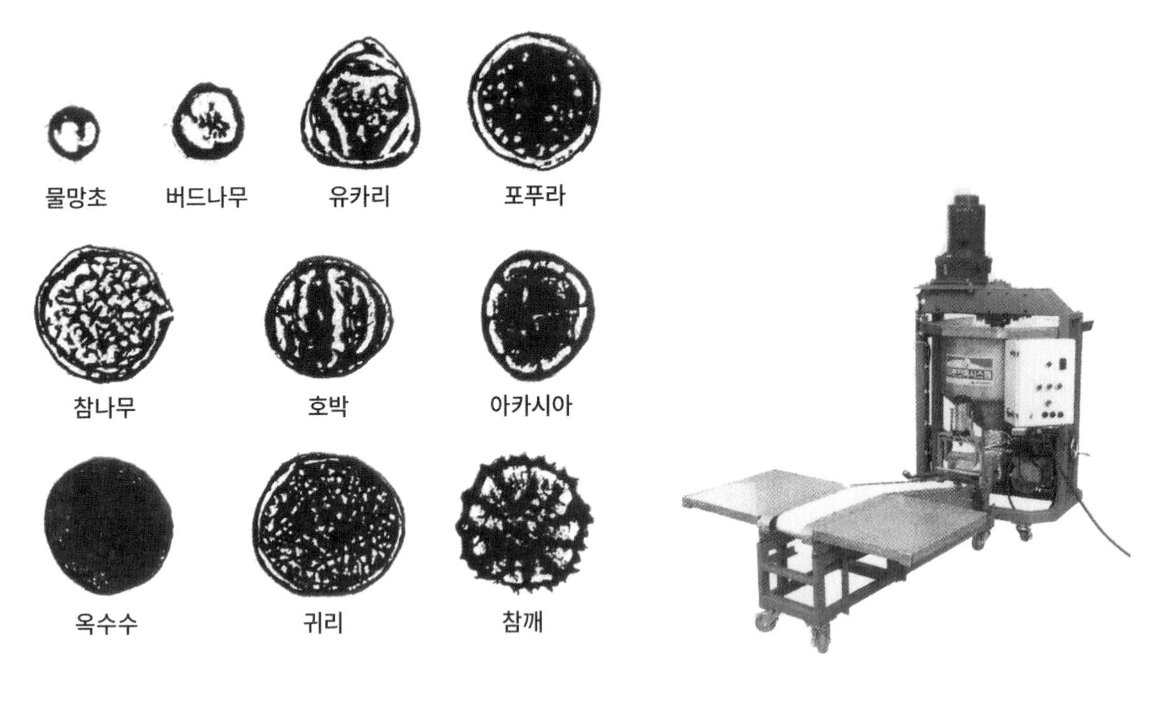

<그림11-7> 화분 입자의 종류에 따른 크기 차이

<그림11-8> 화분 반죽 시스템

03 프로폴리스(Propolis)

1. 프로폴리스의 어원

프로 (Pro) 즉 앞이라는 뜻이고 폴리스 (Polis)는 국가, 도시, 마을을 뜻하는데 다시 말하면 벌통 집에 햇빛이나 빗물, 보이지 않는 병원균까지도 막아보겠다는 의미의 물질이라는 의미의 뜻을 가지고 있다.

(1) 식물의 개화, 새싹, 봉우리, 나무진 등에서 채취한 끈끈한 나무진 상태의 물질에, 꿀벌의 침액 (타액)과 밀랍 화분 등이 혼합되어 만들어진 물질

(2) 벌통의 빈틈을 메워주는 물질 (빗물차단)

(3) 벌방의 소독을 위한 항균 부패 방지 역할

(4) 벌집에 저장하지 않고 즉시 사용 처분

(5) 맛과 향 → 계피 + 바닐라 → 솔향

2. 프로폴리스의 기원과 역사

기원전 약 3,000년 전부터 고대 이집트지방과 유럽에서는 프로폴리스를 사용하여 시신을 미이라로 만들어 보존해왔으며, 메소포타미아지방에서는 민간요법으로 각종 질병에 사용해 왔다고 한다. 그리스 의학의 아버지 히포크라테스 (BC460~377)는 그의 저서 동물지에 프로폴리스는 꽃이나 수액을 채취해서 벌집을 짓고, 바닥에도 마구 발랐다는 사실을 남기고 있다. 또한 철학자이자 양봉 전문가인 아리스토텔레스 (BC384~322)는 피부병, 종기, 상처 및 감염성 질병에도 프로폴리스를 사용했다고 기록하고 있다.

한편 고대 로마의 장군이자 식물학자인 플리니우스 (Plinius(AD23~79))는 그의 저서 박물지에 통증진정 효과와 상처의 종기를 치료하는 효과가 있다고 했다. 우리나라 허준의 동의보감 (1610년)에서도 노봉방이라 하여 해소천식에 사용할 것을 권하고 있다.

이와 비슷한 시기인 1533년 스페인 군에게 점령당한 페루의 잉카제국 군인들은 프로폴리스를 화농방지 및 해열제로 사용했으며, 보어전쟁 (1899~1902)시에는 프로폴리스와 바셀린을 섞어 프로폴리바노겐이라는 연고를 만들어 부상병들의 외과 절단수술 시에 사용했다고 한다.

3. 프로폴리스의 재발견

20세기에 들어서면서 새로운 의학기술의 탄생과 더불어 동유럽국가들은 과거의 구식의 민간의학 처방들을 과학적인 측면에서 되돌아보는 계기가 되었다. 따라서 소련의 의학자들은 제2차 세계대전(1939~1945) 중 프로폴리스에 대한 과학적인 실험을 거쳐 매우 효과적인 항생물질이라는 사실이 입증됨으로써 이들은 프로폴리스 연고를 개발하여 부상자들의 상처치료와 폐질환 환자까지 사용 치료함에 따라 러시아 페니실린이라고 불리기도 했다.

1974년 덴마크의 자연과학자 아가드 (Aagard)박사는 그의 20년동안의 경험을 담은 책 “천연생산물 프로폴리스 – 건강의 길” 이라는 책을 출간한 이후 프랑스 솔본느대 의사 쇼방 (Chauvin)박사는 유독 꿀벌만이 무균생물체라는 사실을 발견하게 되면서부터 프로폴리스에 대한 가치와 인식이 전세계적으로 재발견되는 계기가 되었다. 그 당시 프로폴리스는 kg당 200불에 판매 되었는데 오늘날에 비하면 10배 이상 어마어마한 시세였음을 알 수 있다. Aagard와 Chauvin 박사는 프로폴리스를 더욱 널리 알리려던 차 1960년대말 미국 위스콘신주의 양봉가인 와렌 오그랜 (Warren Ogren)씨는 덴마크로 건너가 Aagard 박사로부터 정제기술을 전수받아가면서 4년간 그의 고객이 되었다. 드디어 Ogren씨는 회사를 세워 프로폴리스 캡슐, 목 스프레이제와 스킨크림까지 생산하여 전세계에 판매하는 “Warren Ogren” 라는 회사를 설립하게 되었다.

또한 아리조나주의 Phoenix시의 Royden Brown씨는 캐나다, 영국, 독일에까지 프로폴리스 생산판매기지를 넓혀 1976년에는 세계에서 제일 큰 꿀벌 산물회사를 경영하다가 기업가를 거쳐 은행가로 변신하기도 했다. 그는 그의 저서에서 벌꿀, 로열젤리, 화분 프로폴리스를 생산 판매하면서 이야말로 “100% 완전식품” 이라는 말을 남기고 1989년 세상을 떠났다. 그 이후 그의 아들 Bruce Brown이 이어받아 더욱 정제된 프로폴리스 생산에 힘썼다. 한편 영국의 Ray Hill씨는 "프로폴리스-천연항생제"라고 미국의 Felix Murat박사(1982)는 "프로폴리스-영원한 천연치료제"라고 증언하였다. 양봉가이며 봉료전문가인 독일의 Jacob Kaal(1987)씨는 "꿀벌로부터 나온 천연약제"라고 각각 그들은 프로폴리스를 예찬하였다. 즉 프로폴리스는 "식물유래의 천연물로서 인간에게 처방할 수 있는 가장 효과적인 방법"이라고 요약하고 있다.

1960년대부터 1980년대를 거치면서 프로폴리스는 강력한 천연항생제라는 사실이 다시 입증되면서, 드디어 1978년 국제예방의학 아카데미회장 John Diamond박사는 프로폴리스는 "내가 실험해본 모든 천연물질 중 우리의 가슴속을 가장 잘 시원하게 뚫어준 확실한 물질의 하나"라고 천명하면서 "생명에너지"는 바로 프로폴리스라고 찬양했다. 이때부터 프로폴리스는 건강식품점에서 구입할 수 있게 되었고 건강보조식품으로 관심을 갖게 되었다.

1980~90년대 들어서 과학적인 흥미가 되살아나기 시작하여 영국, 미국, 프랑스, 독일, 일본 등 여러 나라에서 학술잡지가 출현하게 되었다. 1997년 영국의 뉴캐슬대학 농경제학과 Weightman과 Garcia박사는 1980~95년까지 15년간 발간된 논문을 데이터베이스화 한 결과 350편의 논문이 발표되었다. 주로 프로폴리스의 조성성분, 약리학, 알러지반응과 같은 임상실험에 관한 것들이었다. 즉 연구는 민간요법이나 전통적 의학의 수준을 넘어 첨단의학으로 발전하여 전 세계로 퍼져 나가게 되었다.

4. 프로폴리스 연구의 발전

1985년 제 30차 세계양봉대회 (일본 나고야)에서 프로폴리스에 대한 의학적인 새로운 인식 확산에 이어 제 50회 일본 암 학회에서 암세포를 죽일 수 있는 물질이 발견되면서부터 미국, 캐나다, 영국, 브라질, 호주, 독일, 유럽 등 여러 나라에서 프로폴리스 관련 건강제품들의 개발 붐이 일어나게 되었다. 우리나라의 경우 1973년 Bee world지에 프로폴리스가 고가에 판매되고 있다는 단편적인 광고정보가 소개된 이후 그리고 1884년 Wade가 쓴 "벌집에서 얻은 기적의 치료약"이라는 소책자가 이길상 등이 번역출간되면서부터 많은 관심을 갖게 되었고 현재 몇 개 회사로부터 제품이 출시 판매되고 있다. 국내의 관련 학술지로는 1986년 한국양봉학회가 창립된 이래 지금까지 발간되고 있다.

<표11-28> 프로폴리스의 기원과 역사

	시 기	내 용
기원전	BC 300 (고대 이집트지방과 유럽)	프로폴리스를 사용하여 시신을 미이라로 만들어 보존
	BC 460 ~ 377 (히포크라테스)	꽃이나 수액을 채취하여 벌집을 짓고 바닥에도 발랐다는 기록 (동물지)
	BC 384 ~322 (아리스토텔리스)	피부병, 종기 상처 및 감염성 질병에 사용 기록
기원후	AD 23 ~ 79 (플리니우스)	통증 진정 효과와 상처의 종기를 치료하는 효과가 있다 (박물지)
	1533 (페루잉카제국)	스페인에게 점령 당시 프로폴리스를 군인들의 화농방지 및 해열제로 사용
	1610 (허준)	노봉방이라 하여 해소천식에 사용할 것을 권고 (동의보감)
	1899 ~1902 (보어전쟁)	프로폴리스와 바셀린을 섞어 프로폴리스바노겐이란 연고를 만들어 부상병들의 외과수술 시에 사용
	1939 ~ 1945 (세계2차대전)	소련을 비롯한 동유럽국가들은 프로폴리스에 대한 과학적인 실험을 거쳐 매우 효과적인 항생물질임을 입증하고 프로폴리스 연고제를 개발하여 부상자들의 상처치료와 폐질환까지 치료함에 따라 러시아 페니실린이라 칭하기도 하였다
	1965 쇼방 (Chauvin) 솔본느대학 의사 – 프랑스	오직 꿀벌만이 무균생물체라는 사실을 발견함과 동시에, 프로폴리스에 대한 인식이 세계적으로 재발견되는 계기
	1974 (아가드박사 – 덴마크)	그의 20년 동안의 경험을 담은 책 "천연생산물 프로폴리스 – 건강의 길" 이란 책자발간

5. 플라보노이드의 종류 및 효능

벌통에서 채취 생산된 플라보노이드류에 속하는 물질로는 Flavones류 (Acacetin, Chrysin, Apigenin), Flavonols류 (Quercetin, Galangin), Flavanones류 (Pinocembrin, Pinostrobin, Sakueanetin), Flavanonols류 (Pinobanksin), Phenol 화합물 (카페인산, 계피산, 페놀산, CAPE, 유기산 (Benzoic acid, Gallic acid), 방향성물질 (Vanillin, Coumaric acid) 등이 있다. (표11-30 참고) 이들 각 물질들의 작용과 효능이 표3에서 보는 바와 같이 광범위하게 알려졌는데 항세균 작용물질 (Pinocembrin, Galangin), 항진균 작용물질 (Pinocembrin, Caffeic acid, Sakuranetin), 항바이러스 작용물질 (Quercetin, Caffeic acid), 항염증 작용물질 (Acacetin), 항궤양 및 항암작용물질 (CAPE, Caffeic acid phenylester, Quercetin, Apigenin), 마취작용물질 (Pinostronbin, Benzoic acid)과 모세혈관 확장, 당뇨억제 물질까지 계속 발견되고 있다. 각종 화분, 뿌리, 나무진액 등을 분석한 결과에 따라서 몇가지 형으로 분류된다.

① 자작나무 형 : 65% ② 포플러 형 : 15%

③ 자작나무 + 포플러 형 : 15% ④ 기타 : 5%

6. 프로폴리스의 특성

꿀벌이 식물자체의 보호물질인 끈끈한 수지상 물질을 각종 식물의 싹, 눈, 봉우리, 생장점에서 채취하여 벌들의 타액과 혼합하여 만들어 내는 암갈색 내지 황갈색의 아교상 물질인데 주로 전나무, 소나무, 가문비나무, 포플러, 버드나무, 오리나무, 자작나무, 물푸레나무, 떡갈나무, 옷나무, 유칼리나무 등 다양한 수종들로부터 채취해온다. 이 채취해온 끈끈한 물질은 벌통내 빈 틈새, 구멍 즉 벌집의 수리보수로 비바람, 물 새는 곳을 막고 각종 잔해물로부터 오염을 방지하는 데 사용한다. 즉 벌통 내 각종 미생물의 번식을 억제하거나 산란 전 벌집방을 소독하여 여왕벌의 산란을 돕는 천연항생물질 역할을 한다. 이물질은 35℃ 내외에서는 부드럽고 유연성이 있으나 40℃ 가 넘어가면 끈끈하게 되며 60~70℃ 에서는 용해돼 용액형태로 되다가 100℃ 가 넘으면 변성이 일어난다. 반대로 15℃ 이하에서는 딴딴해지다가 0℃ 이하가 되면 잘게 부스러지기 쉽게 된다.

<표11-29> 온도에 따른 Propolis의 물리적 변화

온도 (℃)	변화상태
15	굳어서 부서지기 쉽다
30	유연성과 점액성이 증가하여 녹기 시작한다 (꿀벌은 이런 상태에서 작업을 한다)
35	벌통 내 온도 유지 역할
60	용해되기 시작
100	용해되어 액상으로 변한다

7. 벌들의 프로폴리스 수집활동

벌통마다 프로폴리스 수집전문 일벌들이 담당하는데 보통 10~30마리에서 많은 것은 30~40마리가 수집활동을 한다. 그러나 벌품종에 따라서 차이가 있는데 동양종 (재래종)이나 유럽종인 카니올란벌은 수집량이 적으며 코카시안종이나 싸이프리안종은 많이 수집하는 편이다. 채집량 뿐만 아니라 구성성분도 지역이나 밀원식물 종에 따라서도 차이가 나게 된다.

8. 프로폴리스의 채취 및 생산

프로폴리스를 채취할 경우 주로 나일론이나 플라스틱 망을 소비위에 얹어 놓게 되면 벌들이 망 표면에 발라놓게 된다. 이것을 냉장고에 넣어두게 되면 굳어지게 되는데 이때 망을 비틀어 털면 자연스럽게 떨어지게 된다. 벌통당 연평균 200g 이상 생산할 수 있다. 채취시기는 아카시아꿀 수확 후부터 월동봉군에 영향을 주지 않는 시기인 6월중~8월중순이 적기이다.

9. 프로폴리스의 구성성분과 종류 및 작용물질

(1) 구성성분

주로 수지상교질 물질 (45~55%)과 밀랍성분이 대부분인데 이중에 포함된 물질은 150여 종이 알려져 있으며 (Greenway 1990), 계속 증가하여 200여 종 이상이 될 것으로 보고 있다. 밀원식물의 종류, 채취시기 또는 시간대에 따라서도 달라질 수 있다. 수지상 물질에 포함된 물질로는 플라보노이드, 페놀산, 유기산, 방향성화합물 (알데히이드류), 구마린, 아미노산, 미네랄과 비타민 등이 고루 함유되어 있다.

<표11-30> 프로폴리스의 주요구성 성분

종 류	함량 (%)	성분
수지상물질	45~55	- Flavonoids (Flavones, Flavonols, Flavanones, Flavanols) - 페놀산 (카페인산, 계피산, 페놀라산, 쿠마릴산) - 유기산 (안식향산 몰식자산, 갈산) - 방향화합물 (Vanillin, Isovanilin) - 쿠마린 (Esculetin, Scopoletin)
밀랍, 지방산	25~35	- 아미노산 18종 (Arg, Gly, Pro등)
에센스오일 (정유)	10	
화 분	5	
미 네 랄	5	- 14종 (아연, 망간, 철분 등)
비 타 민		- B1, B2, B3, E, P, 엽산 등

(2) 항산화작용의 대표적 물질 Quercetin

국내에서 프로폴리스의 평가기준을 케르세친을 표준물질로 검사하고 있다. 활성산소에 의해서 망가진 세포간 신경전달체계에 이상이 생길 경우 케르세친은 이에 작용하여 암세포로 돌변하는 것을 막아주는 역할을 하는 것으로 알려졌는데 영국 영양학회는 2012년 정상적인 신호전달 회복으로 질병 유전자발현을 억제하고, 암의 전이에 억제효과가 있다고 보고한바 있다.

<표11-31> 프로폴리스에 함유된 주요 항산화성분

종류		함량 (mg/100g)	비고
비타민	B1	0.01	
	B2	0.12	Riboflavin
	B3	0.01	Nicotinamide
	E	3.80	α-tocopherol
	P	75.00	Quercetin (평가기준물질)
폴산(엽산)		7.00μg	PGA (Pterol Glutamic Acid)(빈혈)
판토텐산		0.08	(피부조직)
니아신		0.21	
이노시톨		0.6	

(3) 프로폴리스와 기타 항생제와의 차이점

① 내성이 없다.

② 부작용이 거의 없다. (극히 미미한 수준의 알레르기 발생 우려)

③ 거의 모든 세균, 바이러스, 진균에 대한 억제 효력이 있다. (대부분의 항생물질에는 세균에 대해서만 효과가 있음)

<표11-32> 프로폴리스에 함유된 아미노산 종류

종류	함량 (mg/100g)	종류	함량 (mg/100g)
아르기닌 (Arginine)	0.04	메티오닌 (Methionine)	0.02
히스티딘 (Histidine)	0.02	알라닌 (Alanine)	0.07
티로신 (Tyrosine)	0.03	프로린 (Proline)	0.06
이소류신 (Isoleucine)	0.06	세린 (Serine)	0.07
발린(Valine)	0.06	시스틴(Cystine)	0.03
트래오닌 (Threonine)	0.05	글루탐산 (Glutamic acid)	0.11

리신 (Lysine)	0.03	아스파르트산 (Aspartic acid)	0.10
류신 (Leucine)	0.03	트립토판 (Tryptophane)	0.05
페닐알라닌 (Pheuylalanine)	0.04	시스테인 (Cystein)	0.03

<표11-33> 프로폴리스에 함유된 플라보노이드의 종류와 효능

종류	함유성분	식물, 효능
플라본 (Flavones)	Acacetin, Chrysin, Apigenin, Pectolinarigenie, Tectochrysin, 5-hydroxy-4, 7-dimethoxy flavones Luteolin	- 아카시아, 옥수수, 보리, 파세리, 아스파라거스 등 과실, 채소 - 효능 : 항 암, 항 비만
플라보놀 (Flavonols) (안토시안의 보조색소)	Quercetin, Quercetin-3, 3-methyester, Galanga, Galangin, Isalpin, Galangin-5-methyester Kaempferol, Rhamnocitrin Rhamnetin, Isorhamnetin Myricetin, Leutedin Limnonin, Limnomilin, Luteolin	- 토마토, 키위, 양파, 마늘, 포도, 체리, 브로컬리, 케일, 사과, 배, 홍차, 구아바, 과실채소의 껍질 - 효능 : 항암작용, 지방의 산화방지
플라보논 (Flavanones)	Pinocembrin, Pinostrobin Sakuranetin, Isosakuranetin Alpinetin, Hesperidin Narangenin, Tronetin, Pterostillbene Hisperidim, Narangenin	- 감귤, 레몬, 광귤, 벗나무, 여름귤, 젬보아 (왕귤), 뽕감 (귤의 일종) 유칼리나무 - 효능 : 해독작용, 에너지대사촉진, 항염증작용, 체지방 축적 억제, 인슐린 저항성 개선
플라바놀 (Flavanonols) (스트레스 저항촉진)	Pinobanksin Pinobanksin-3-acetate Pinobanksin-5-methyester Katekin, Epikatenin	- 녹차, 카카오 - 효능 : 기억력감퇴 억제
페놀(Phenol) 화합물	<페놀산> CAPE(Caffeic acid phenylester), Caffeic acid, Phnolic acid, Cinnamic acid, 3,4-dimethy-cinnamic acid, Ferulic acid, Isoferulic acid, Phenyl caffeic-acid <유기산> Benzoic acid, Gallic acid <방향성물질> Vanillin, Isovanillin, Coumaric acid	- 함암효과

<표11-34> 프로폴리스의 효능과 작용물질

작용	대상	물질
항세균	포도상구균 (폐혈증) 연쇄상구균 (치석균) 살모넬라균 (식중독균), 대장균	Pinocembrin, Caffeic acid, Galangin Ferulic acid
항진균	사상균, 칸디다균, 백묵병균	Pinocembrin, Caffeic acid, Acetyl Pinobanksin, P-coumaric acid, Bengylester, Sakuranetin, Pinostrobin, Pterostilbene
항바이러스	헤로페즈, 인푸루엔자, 뉴캐슬 감자바이러스	Quercetin, Caffeic acid, Luceolin
항염증	세포조직 재생촉진	Acacetin, Caffeic acid
항궤양	위궤양	Quercetin, Pinocembrin, Luteolin, Apigenin
항암작용	위, 간	CAPE (Caffeic acid phenylester), Quercetin, Artepillin C, Clerodane, diterpenoid
당뇨억제	당뇨	Pterostilbene
진통작용	치통, 국소마취	Pinostrobin, Pinocembrin, Caffeic acid ester, Benzoic acid
항경련작용	발작	Quercetin, Kaempferide, Pectolinarigenin
모세혈관확장	v-c 활성증강	Quercetin, Pinobanksin, Flavon-3-ols 3,4-dihydroxy flavonid
항산화작용	기름산화억제, 지방산부페억제 (사료중?)	Galangin, Pinocenmorina

<표11-35> 프로폴리스에 함유된 미네랄과 미량영양소

종류	함량 (mg/100g)	비고
인	37.1	
칼슘	3,360.0	
마그네슘	2,470.0	
규소	1,980.0	
망간	18.2 ppm	
철분	172.0	
칼륨	114.0	
구리	9.4 ppm	
Biotin	1.7	
Rinoleic acid	300.0	

10. 기타물질

프로폴리스는 비타민, 미네랄, 미량영양소 등이 골고루 함유하고 있는데 비타민E (Tocopherol), P (Quercetin), 엽산, 이노시톨 등은 모두 인체의 건강을 유지하는 데 필요한 세포의 활성작용을 담당하는 항산화작용 물질들이다. 또한 인체의 신진대사에 중요한 역할을 하는 철분, 아연, 망간, 마그네슘, 칼슘, 구리, 칼륨의 무기물질들도 함유하고 있다. 그 외에 발견된 아미노산 18종 중 8종의 필수아미노산 (Histidine, Leucine, Isoleucine, Pheuylalanine, Methionine, Valine, Lysine, Threonine)을 가지고 있다.

11. 프로폴리스 추출법

프로폴리스의 원괴는 끈끈한 수지상물질 (45~50%)과 밀랍 (25~35%)이 대부분인데, 밀랍성분을 제거하고 수지상물질에 함유되어 있는 유효성분만을 추출 해내야 한다. 그러나 물에는 잘 녹지 않는 성질 때문에 에틸알코올을 용매로 사용하여 추출하는 EEP (Ethanol Extract Propolis)법이 사용되고 있는데 에타놀 80%에서 추출률이 가장 높은 것으로 알려져 있다. 물만 가지고 추출할 경우 맛이나 냄새가 알코올에서 녹인 것보다 맛이 많이 부드럽고 거부감이 적으나 유효성분들이 충분히 녹아 나오지 않게 된다. 그래서 식품첨가제인 글리세린을 유화제로 섞어 추출하는 미셀화법과 초임계 고압농축 이산화탄소 (액체)를 사용하여 프로폴리스 원괴를 분해하여 추출하는 방법도 있다. 그러나 이 모두 완전한 추출법이 되지 못한다고 한다. 따라서 무알콜 – 수용성 즉 WEEP (Water Ethanol Extract Propolis)공법으로 추출한 결과 플라보노이드는 물론 Terpene, 미네랄, 당류까지도 모두 용출이 잘되고 맛과 향도 좋다고 한다. 최근 농진청, 농과원이 개발한 방법에 의하면 주정으로 추출한 프로폴리스 추출액 5~20%를 꿀과 섞어 꿀이 유화제로 작용해서 물에 잘 녹도록 하여 알코올의 농도가 0.1%까지 낮추는 기술을 개발하였다고 한다.

(1) 제조기준

① 원재료 : 꿀벌이 식물에서 채취한 수지에 자신의 분비물을 혼합하여 만든 프로폴리스

② 제조방법 : 원재료에서 왁스를 제거하고 물, 주정 (물 주정 혼합물을 포함)을 추출하거나 이산화탄소를 이용하여 추출한 후 식용에 접합하도록 함

③ 기능성분 (또는 지표성분)의 함량 : 총 플라보노이드를 10mg/g 이상 함유하고 있어야 하며, 파라 (P)-쿠마르산 및 계피산이 확인되어야 함

④ 제조 시 유의사항 : 디에틸렌글리콜을 사용하여서는 아니 됨

(2) 정제 Propolis의 검정기준 (미국) : 밀랍 5%, 화분 2%, 납 1mg/kg, 비소 1mg/kg

(3) HPLC 검사 시 분류기준 물질 함량 (미국) : Chrysin 최소 2% w/w, Pinocembrim 최소 2% w/w, Galangin 최소 2% w/w.

PART
12

꿀벌과 양봉

꿀벌의 질병 관리 기술

PART

12 꿀벌의 질병관리 기술

01 세균병 (Bacteria)에 의한 질병

- 미국부저병 (American foulbrood disease)
- 유럽부저병 (European foulbrood disease)

02 곰팡이병(진균병) (Fungi)에 의한 질병

- 백묵병 (Chalkbrood disease)
- 석고병 (Stonebrood disease)

03 바이러스병 (Virus)에 의한 질병

- 유충주머니썩음병 (Sacbrood disease)
- 마비병 (Paralysis)

04 원생동물 (Protozoa) 병원균에 의한 질병

- 노제마병 (Nosema disease)

05 꿀벌용 질병 의약품

- 부저병 약제
- 노제마병 약제

<꿀벌의 주요 병의 발생 변동과 방제 변천 추이>

· 부저병 : 80~90년대를 정점으로 감소 추세이며 2013년부터 항생제 사용 전면 금지
· 백묵병 : 발생은 감소 추세이며 아직까지 특효약제 개발 진전 없음
· 노제마병 : 1990~2000년을 정점으로 감소 추세

<세균의 분류>

분류 (1)
I. 내성포자막대균 구균 : *Bacillus* (막대균) (Gram양성간균) : 미국부저병
II.그람음성통성염기성구균 : *Serratia, Proteus, Enterobacter*
III. 그람음성호기성 막대균 및 구균 : *Pseudomonas*
IV. Gram 양성구균 : *Streptococcus* (연쇄상구균) : 유럽부저병

분류 (II)
I. 절대기생균 : *Bacillus larvae, Clostridium, Streptococcus*
II.조건기생균 : *Bacillus thuringiensis,* (나비세균) *B. cereus, Serratia*
III. 잠재병원체 : *Pseudomonas, Proteus, Enterobacter*

01 세균병 (Bacteria)에 의한 질병

<표12-1> 국내 꿀벌의 주요 병 발생 변동과 방제 제제의 변화

구분	국내최초 발생시기	유입경로	년도 별 발생 정도					
			1960	1970	1980	1990	2000	2010
부저병	1946~52	전란시 (원조물자북한)	*	*	**	**	**	*
	방제				항생제	항생제	항생제	사용금지 (항생제)
백묵병	1986	밀반입			***	**	**	*
	방제	(꿀벌산물전염)					치아염산 소산소다	특효약 없음
노제마병	1960년대 후반	미상	*	*	*	**	**	*
	방제			포르마린	훈증처리	지메론산 (유기수 은제)	노제마크 후미딜B	후미딜B

<표12-2> 미국부저병과 유럽부저병의 특성비교

		미국 부저병 (AFB)	유럽 부저병 (EFB)
1	병원균체	*Paenibacillus larvae*	*Melissococcus pluton*
	크기	0.5 ㎛ x 2.5~5 ㎛	0.5~0.7 ㎛ x 1.0㎛
	형태	균체 (막대형), 아포 (난원형)	균사 (둥근형), (포자없음)
	염색반응	그람양성	그람양성
2	분포	전세계	전세계
	국내	1877년 뉴질랜드에서 최초발생 1950년 중부지방 최초발생	1771년 유럽, 북미 최초발생 1950년 중부지방 최초발생
3	감염원	- 감염된 봉기구, 먹이, 도봉벌 - 감염충제거 중 감염 - 어린유충에게 먹이를 주는 과정에서 입을 통해 감염	(미국 부저병과 같음)
4	감염증상	부화 후 일주일 이내	부화 후 수일 이내
	시기 및 과정	① 유충체색은 윤기를 잃고 갈색~흑갈색으로 변함 ② 육아방은 계속 말라서 봉개된 덮게는 쑥 들어가고 구멍이 생긴다 ③ 썩는 냄새가 나고 벌집은 흑갈색으로 변한다 (이쑤시개는 쑤시면 진한고름이 나온다) ④ 감염유충은 말라 쭈그러진다 ⑤ 말라붙은 딱지는 벌집벽에 붙는다	① 체색은 유백색에서 황갈색, 흑갈색으로 변하여 사망 ② 감염된 유층은 번데기 직전에 몸은 비틀어진다 ③ 진한 갈색으로 말라 쭈그러짐. ④ 썩은 생선 냄새가 미국 부저병보다 심한 편이고 사체의 고름은 미국 부저병보다 연한 편임 ⑤ 사체는 일벌에 의해 제거되어 딱지도 남지 않는다
5	예방조치	① 오염된 먹이, 벌집, 기구는 완전 소독 ② 도봉벌 접근차단	① 오염원 철저 제거 ② 조기 발병증상 감지 어려움
6	방제치료 (항생제)	① 테라마이신제 (내생포자억제는 불가) ② 가루제산포 4~5일 간격 3회 산포 200mg+30g (설탕) / (통당) ③ 액체급이 200mg+물30mg+설탕30g/통당 4~5일 간격, 3회 실시	Terramycin, Oxytetracycline 사용 (미국 부저병 참고)

(a) 미국부저병 (AFB) *Paenilbacillus larvae*

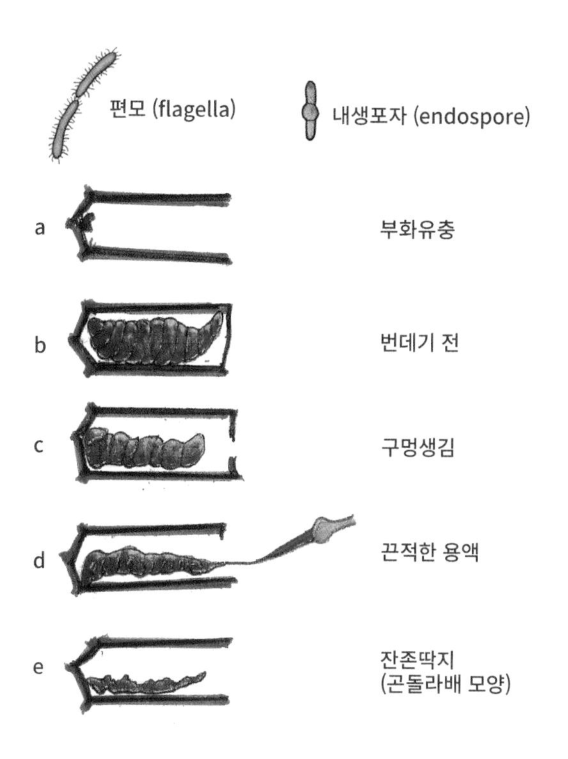

(b) 유럽부저병 (EFB) *Melissococcus pluton*

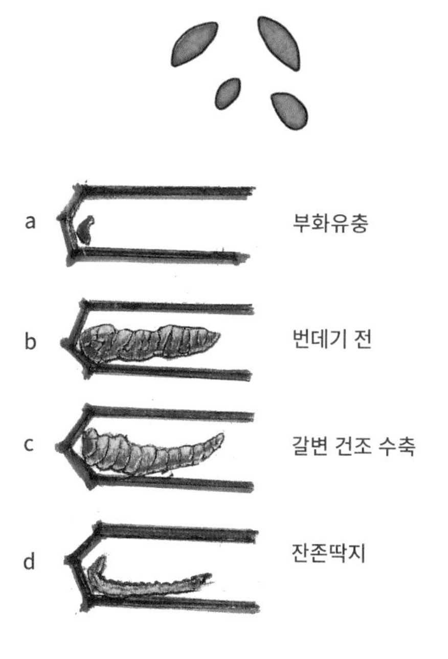

<그림12-1> 부저 병의 병원균과 감염발생 진전과정

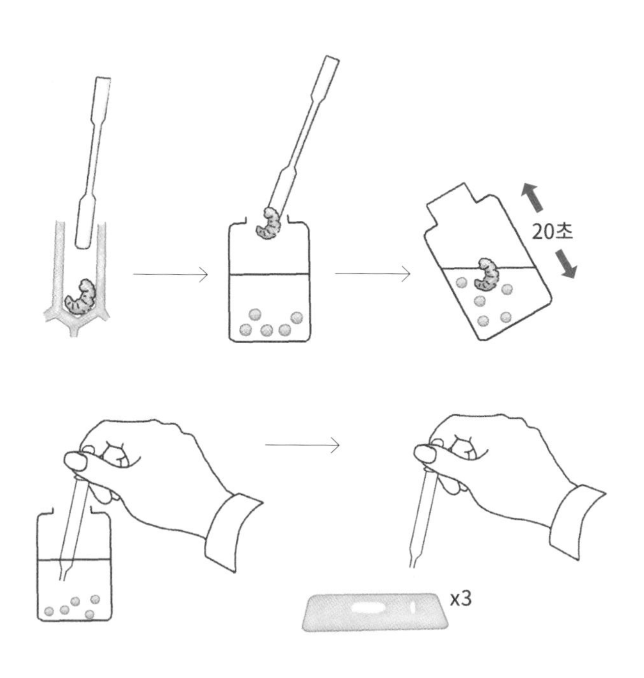

<그림12-2> 유럽 부저병의 신속 진단방법

<유럽부저병에 감염된 꿀벌>

<사진 Michael Hornitzki>

02 곰팡이에 의한 질병(진균, Fungus disease)

(1) 분류

생활사, 자실체, 포자의 형태에 따라 분류

(2) 균류

유기물의 공급을 타생물에 의존하고 있는 생물

① 편모균류 : *Coelomyces*

② 접합균류 : *Enternonophthora* (곤충역병)

③ 자낭균류 : *Ascosphaera* (백묵병균), *Cordyceps* (동충하초균)

④ 담자균류 : *Septobasidium*

⑤ 불안전균류 : *Aspergillus* (석고병), *Beauveria metarhizium* (백강균)

<표12-3> 백묵병 (Chalk brood disease)과 석고병 (Stone brood disease)의 특성비교

		백묵병	석고병
1	병원체	*Ascosphaera apis* (주발병)	*Aspergillus flavus* (주발병)
	크기	포낭 60μm, 포자낭 15μm, 포자 (1.0~2.5 μm) 포낭 속에 포자낭이 들어있고	
	형태	그 속에 다수의 포자를 갖고있다	
2	분포	경남 울산, 부산지역 최초발생 (1986)	벌통의 세력이 약한 곳에서 많이 발생
	발생	봄에서 여름 30°C전후 균사발생이 왕성 (백색) 봉군 온도 (34°C)보다 2~3°C 낮은 온도에서 발생	
3	감염원	① 어린 유충에게 오염된 먹이화분 공급 시 ② 벌통 이동 중 감염벌이 봉군 내에 섞일 때 ③ 포자의 생존능력 10~15년 지속	백묵병 참고
4	감염증상	① 포자가 먹이와 동시에 침입하여 중장에서 균사가 증식, 전신에 퍼짐 ② 유충은 균사에 감염되어 흰색으로 변하다가 수분이 감소함에 따라 유충은 딱딱하고 검은색으로 변함 ③ 벌문 앞에 하얗게 죽은 시체가 쌓임 ④ 수벌이 더 많이 걸리는 경향이 있다	① 여름철 기온이 낮은 날씨가 계속될 때 부화 후 2~3일부터 균사체는 유충의 장벽에 침입하여 봉개 전까지 (6~7령)증식이 계속됨 ② 유충에 침입하면 흰색으로 변하여 결국 사망하게 됨
5	예방조치	① 다습한 지역은 벌통배치를 피한다 ② 오염된 벌통, 먹이 공급은 차단한다 ③ 훈증처리 (식초 등)	백묵병 참조

6	방제치료 (항생제)	오염된 벌집제거 후 합봉, 강군으로 육성 · 심하면 여왕벌을 교체시킨다 · 벌통내의 발육적정온도 유지와 과습하지 않도록 습도 유지관리에 노력 ① 아직까지 확실히 등록된 약제 없음 ② 차아염소산소다 (10배), 10% Dodycine, 4%삼나무목오일, 2%티몰 등이 균의 억제에 효과가 있다고 알려짐 ③ 볶은 소금 벌통바닥 처리 ④ 각종 식물성 오일 등	백묵병 참조

(3) 백묵병(Chalk brood disease) 원균의 형태와 종류

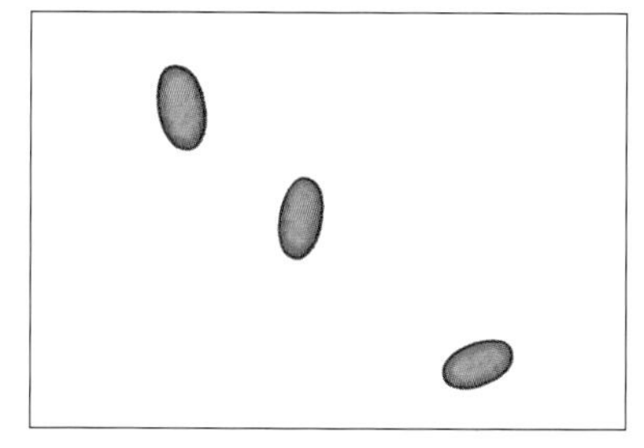

<포자 1.0mm~2.5mm>

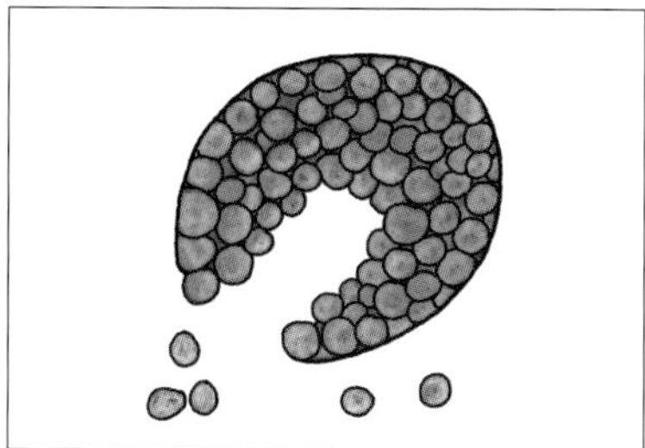

<포자주머니 60mm~90mm>

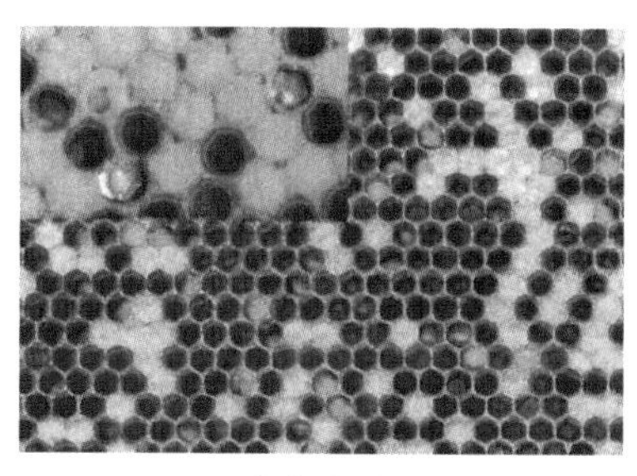

<감염된 벌집>

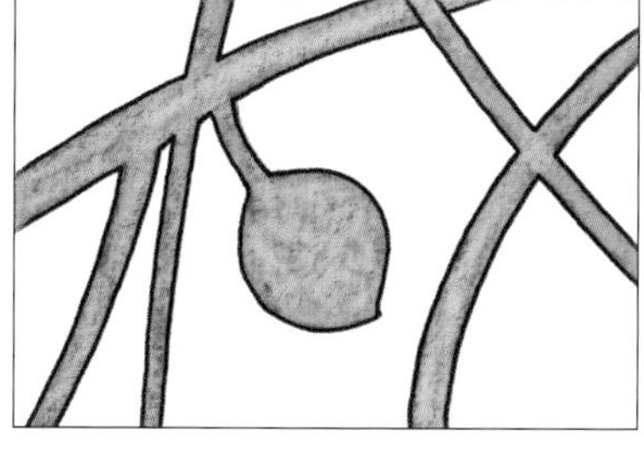

<균사>

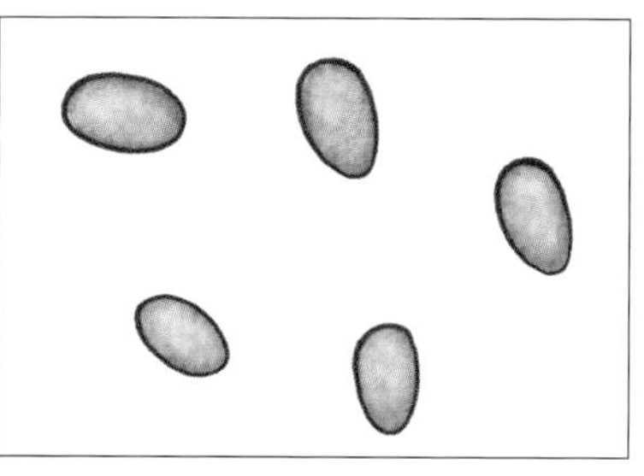

<감염된 유충 (미이라)>

<백묵형 감염 피해증상>

(4) 석고병 (Stone brood disease) 원균의 종류

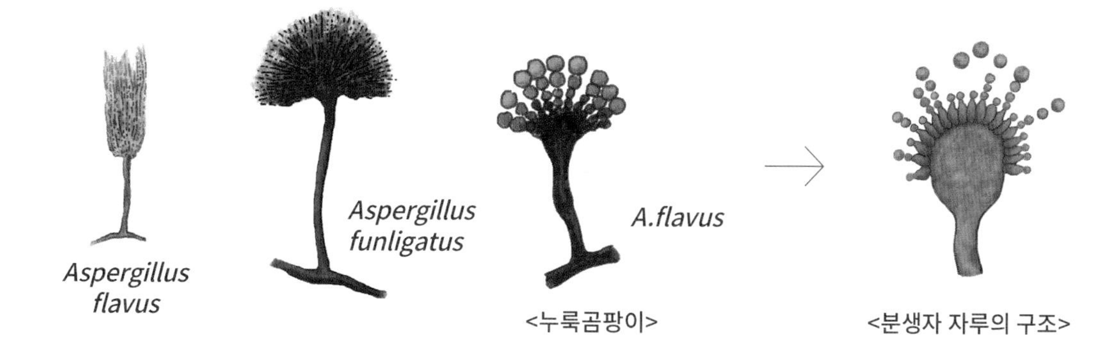

<누룩곰팡이>

<분생자 자루의 구조>

03 꿀벌의 바이러스 질병

(1) 특징

① 질병 종류가 많다.

② 인체에 독성이 없다.

③ 저항성 유발가능성이 적다.

④ 잔류되지 않는다.

⑤ 매우 선택적으로 작용

(2) 분류기준

① 바이러스 입자의 형태

② 구조 : ds, ss

③ 핵산형성 : RNA, DNA

<표12-4> 꿀벌기생 바이러스의 종류와 특성

종류	함량 (mg/100g)	비고		단백질 분자량 (X10-3)
		형태	분자량 (X10-6)	
만성마비병	20 x 30~60	RNA	1.35, 0.9	23.5
만성마비계통병	17	RNA	0.35	15
날개장애병	17	RNA	0.45	19
급성마비병	30	RNA	-	24, 33, 35
아칸소병	30	RNA	1.8	41
여왕벌방흑색병	30	RNA	2.8	6, 29, 32, 35
날개변형병	30	RNA	-	-
이집트병	30	RNA	-	25, 30, 41
캐시미어병 (인도동양계통)	30	RNA	-	24, 37, 41
캐시미어병 (호주계통)	30	RNA	-	25, 33, 40, 44
유충주머니썩음병 (서양종)	30	RNA	2.8	26, 28, 31
유충주머니썩음병 (태국형)	30	RNA	2.8	30, 34, 39
느린마비병	30	RNA	-	27, 29, 46

X병	35	RNA	-	52
Y병	35	RNA	-	50
무지개병	150	DNA	-	-
필라멘트병	150 x 450	DNA	12.0	13 ~ 70

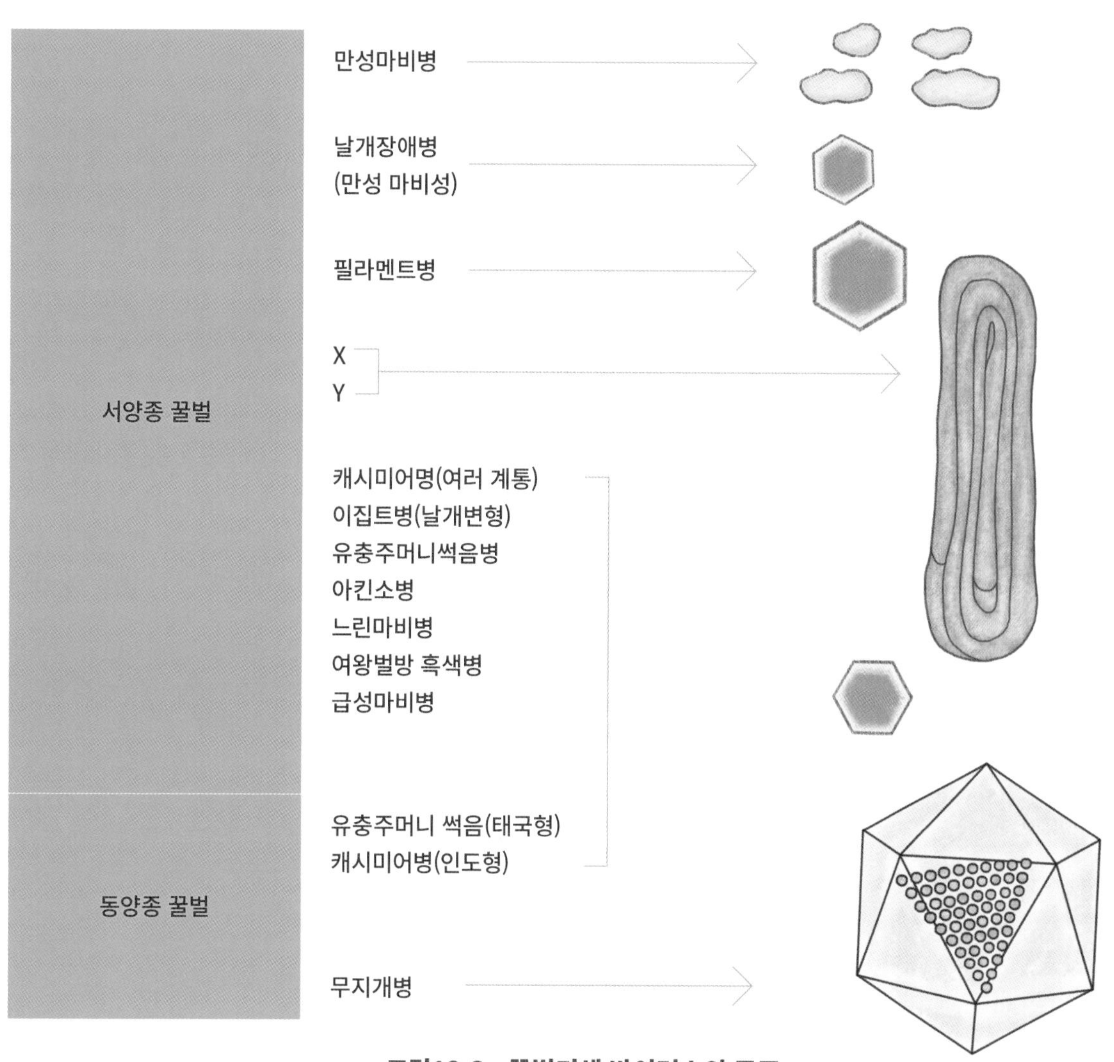

<그림12-3> 꿀벌기생 바이러스의 구조

<표12-5> 유충주머니썩음병, Sac Brood Virus Disease (SBV)의 특성

병원체		내용
병원제	병원제	유충주머니썩음병 바이러스(Sac Brood Virus)
	크기	30mm
	생존	먹이 속에서 약 6개월 가까이 생존가능
	기록	- 미국 White (1971) - 국내(1950) ~ 현재까지 발생 - 호주 (동부지역 다발)
분포		거의 전 세계적
감염	시기	4~6월 사이, 어린유충시기인 2~3령기
	대상	서양종, 동양종 모두 발생
	과정	- 감염된 사양기구, 오염된 먹이를 주는 과정 - 감염된 충체를 일벌들이 밖으로 제거하는 과정
	증상	- 감염된 유충은 2~3일부터 번데기와 되기 전에 사망. - 충체는 투명한 유백색의 물주머니가 되어 부풀어 오른다. - 시간이 경과할수록 썩은 냄새도 나도 결국 건조되어 암갈색으로 변하며 단단하게 굳어진다. - 완전히 말라버린 충체는 벌집내부벽면에 붙게되며 마치 양쪽끝이 뒤틀려 올라와 곤돌라 형 배 모양과 같이 된다.
예방		- 일단 감염되면 근본적인 치료약제도 방법도 없다. (현재까지) - 평소 봉군관리를 위생적으로 관리하여 강한벌로 유지시켜 감염이 잘 되지 않도록 한다. - 1% 소금물 급수, 식물성 발효액 들을 보조적으로 사용한다.
치료		티몰정유를 약 50% 당액에 10~20ml를 섞어(리터당) 사양한다.

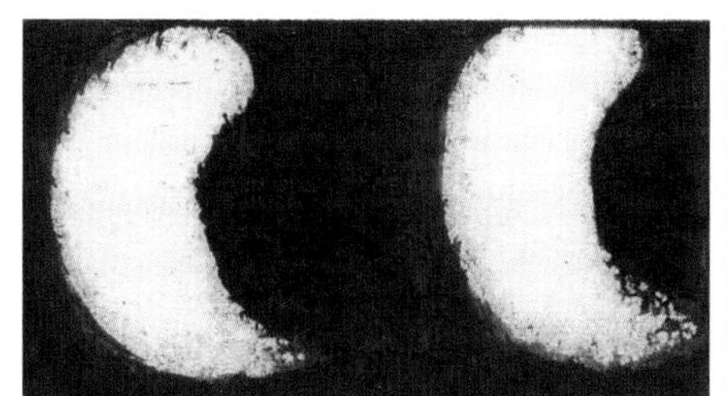

1. 건강한 어린벌레

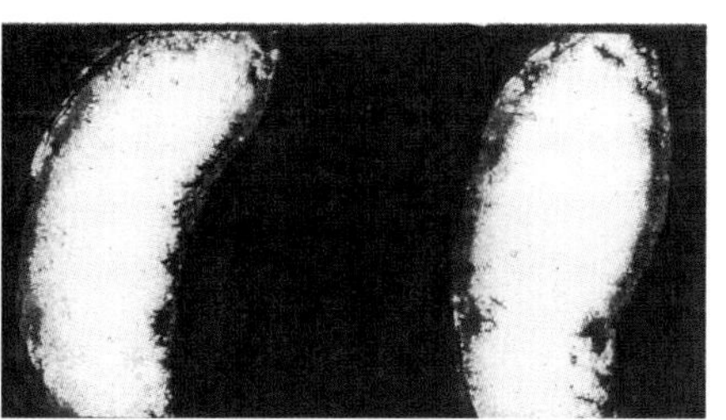

2. 감염유충은 표피와 몸 사이에 액체가 나와 고이게 된다.

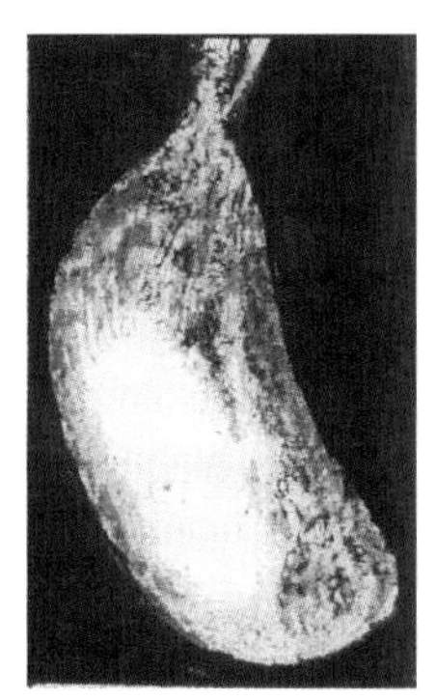

3. 감염된 유충을 밖으로 꺼내면 액체가 꽉 찬 물주머니 같이 보임

4. 머리부터 검게 말라 죽은 유충은 양쪽 끝이 말려 올려가 곤돌라배 모양이 된다.

<그림12-4> 유충주머니썩음병의 감염 진행 과정

<표12-6> 마비병 (Paralysis virus disease)의 특성

종류	급성형	만성형
바이러스입자	0.03㎛	0.02 x 0.05㎛
분포	전 세계적	전 세계적
발생조건	여름철 35°C이상 고온시 급격히 발생	30°C 부근에서 급격히 사망
감염경로	- 주로 성충의 경우 개생성응애 (기문응애)에 감염된 경우 - 입이나 상처부위를 통해서 바이러스가 침입	급성과 동일
발병증사	- 감염된 성충은 몸에 털이 빠져서 매끈하게 보이며 - 다리는 1개 이상 마비되어 떨며 비정상적임. - 복부는 팽대해져 기어다니는 숫자가 늘어난다. - 동시에 많은 벌이 감염 발생함	증상이 서서히 나타남
치료	- 치료제는 아직 없다 - 봉군관리철저 (과습 및 냉습, 오염먹이)	급성과 동일

04 원생동물 (Protozoa) 병원균에 의한 질병

(1) 노제마병 (Nosema disease)의 특성

병원균	Nosema apis
포자	3μm x 5μm
분포	전세계적 (아프리카, 중동 제외) 국내 (1960년 최초발생하여 70년대 전국발생)
감염과정	- 이른 봄철, 오염된 봉기구나 먹이 등을 통해서 입 속으로 들어온 병원균은 중장세포벽에서 증식을 계속한다. - 원형체는 영양체로 5일간 증식 후 포자를 생산하게 된다. - 포자는 31°C에서 잘 형성된다.
병징	- 감염된 벌은 행동이 느려지고 잘 날지 못하고 소문 앞에서 기어다니는 벌이 생긴다. - 일단 감염되면 복부는 팽대하게 된고 누런 배설물이 나온다. - 더욱 진행되면 여왕벌은 산란을 중단하게 되고 일벌은 육아활동도 중단하게 되며 결국 사망한다.
예방	① 도봉방지, 먹이, 봉기구 소독 철저 ② 이상행동벌의 조기 발견으로 신속 조치 ③ 에칠렌옥사이드 훈증처리, 또는 1% 페놀산에 10분간 처리
치료	① 후미딜-B (항생물질인 후미길린) 처리 ② 리터당 1g을 희석하여 가을 ~ 이른 봄에 급여한다

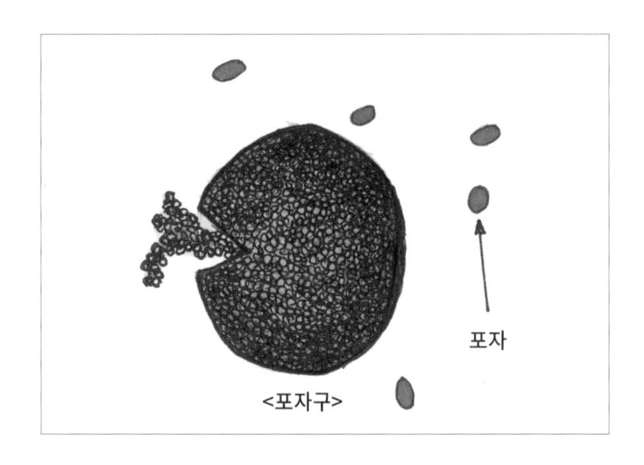

<노제마병(Nosema disease) 현미경 속 N. apis의 형태>

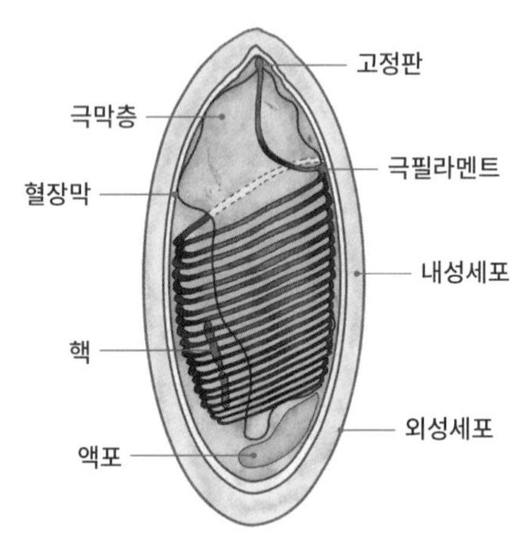

<그림12-5> 포자충의 형태와 구조

05 꿀벌용 질병 의약품 (수의사의 처방원칙 규정, 2013)

(1) 부저병 약제(2007년 현재)

구분	제조명	대상 축종	용법용량	휴약기간	비고
옥시테트라사이클린 *(Oxytetracycline)* (부저병 및 세균성 질병치료)	테라마이신 산란강화제	가금, 벌	벌 : 물1ml당 본제 : 2.5~6g (0.14~0.33g 역가의 비율로 용해 급여)	식용꿀을 생산하는 양봉에는 사용금지	제조
옥시테트라사이클린 *(Oxytetracyline)* + 네오마이신 *(Neomycine)* (세균성 질병예방치료)	네오테트라	소, 말, 돼지, 양, 가금, 벌	벌 : 물1ml당 본제 : 2.5~6g (0.14~0.33 주성분)의 비율로 용해 급여	식용꿀을 생산하는 양봉에는 사용금지	제조

(2) 노제마병 약제(2007년 현재)

구분	제품명	용법용량	휴약기간	비고
퓨마길린 *(Fumagillin)* (꿀벌 노제마병 예방효과)	녹수후 마길린	사양수 1L당 본제 1.2g (Fumagillin 유효성분으로 25mg) 비율로 희석하여 약제 첨가된 사양수를 만들어 수주간 급여함	-	제조
	후마길비	본제 2g을 시럽 3.8L에 용해한 다음 1개의 봉군 (Colony)에 2~3주간 나누어 투여함	-	제조
	후미딜비	본제 25g을 아래의 사양수에 희석하여 그 희석액을 8주동안 매주 아래량을 투여함	-	수입
	후마길린-B	봄 처치 시 - 단상본군 (약 12,000마리) : 사양수 2L - 소비5매봉군 (약8,000마리) : 사양수1~2L 가을 처치 시 - 단상봉군 (약 18,000마리) : 사양수 4L - 소비5매봉군 (약 12,000마리) : 사양수 3L	-	수입
구연산*(Citric acid)* + 티메로살 *(Thimerosal)* (꿀벌노제마병 치료)	구제잘	사양액 18L (백설탕 15kg과 물 9L를 합한 양)에 약 1포 (6g입)를 혼합하여 3~4일 간격으로 2~3차 투약함	-	제조
살질산나트륨 *(Sodium Salicylate)* + 불가리스 *(b-bulgaris)* (꿀벌노제마병 예방치료)	노제시드	치료를 목적으로 할 때는 치료용 (2%) 사용액을 1회에 소비 1매당 50ml씩 사양방식으로 투여하며 매일 또는 격일제로 10회 투여	-	제조
	노노스	치료를 목적으로 할 때는 치료용 (2%) 사용액을 1회에 소비 1매당 50ml씩 사양방식으로 투여하며 매일 또는격일제로 10회 투여	-	수입

PART
13

꿀벌과 양봉

꿀벌의 해적관리 기술

PART

13

꿀벌의 해적관리 기술

01 기생성 응애류

<표13-1> 꿀벌의 주요 해충발생 변동과 방제 변화 추이

구분	구내최초 발병시기	유입경로	년도 별 발생 정도					
			1960	1970	1980	1990	2000	2010
꿀벌응애	1968	일본경유입설	+++	++	+	+++	+++	+++
중국사기 응애	1992	중국벌꿀 수입 시 유입				+++	++	+
작은꿀벌 응애	1990	미상						
약제	방제			폴벡스, 네이벡스	페리진, 마이캇트, P2	마브릭스, 아피스탄, 바이바롤	천연유기산 (개미산 옥살산)	천연유기산 (보편화)
장수말벌	토착종		+	+	+	+	+	+
등검은말벌	유입종							++
퇴치방법			포획	그물	철물	유인제	유인트랩	트랩다양

- 꿀벌응애류 : 1970~80년대 이후 다시 발생이 계속적으로 지속되고 있다. 2000년대 들어서 저항성 유발 및 잔류 방지를 위한 천연물, 약제로 전환
- 말벌류 : 토착종인 장수말벌은 계속 발생되고 있으며 최근들어 등검은말벌의 유입으로 인한 피해가 증가하고 있는 추세이다.

<표13-2> 꿀벌 해적의 종류와 특성 및 방제기술

해 충		형태가해피해	생활사(생태)	진단 및 방제기술
응애류	꿀벌응애 (*Varroa destructor*)	· 둥근 타원형 · 외부기생(유.용.성) · 혈액흡수, 체중감소, 날개불구 · 이른봄, 가을 피해 심함 (30~40%) · 외역활동감소초래	· 전국적 발생 · 수명 4~8주 · 수벌방 피해 30배	· 육안달관조사 /벌통 밑바닥 · 시트지에 떨어진 응애수(성, 유) · 감염평가기준 · 천연 유기산류
	중국가시응애 (*Tropilaelaps clareae*)	· 장축이 긴 타원형 · 외부기생(어린벌 복부) · 날개비정상 · 이른봄, 가을피해 심함 · 수벌방 피해 큼	· 남부지방 감염률 높음 · 최적발육 31~36℃ · 봉개2일후 산란시작 ~ 성충까지 6일 · 봉개직전 3~4개 산란	· 꿀벌응애와 동일
	꿀벌기문응애 (*Acarapis woodi*)	· 국내 미발견 종 · 침입 경계종	· 가슴첫째 숨구멍을 통해 들어가 기관벽에 기생 · 체액흡입 번식	· 꿀벌응애와 동일
나방류	꿀벌집나방 (*Galleria mellonellla*)	· 저장중의 공소비, 소초를 가해 · 19~21mm · 주로 벌통 주위에 숨어 있다, 밤에 침입	· 년 2회 발생 (4~5, 7~8) · 유충기간 29일	· 완전 밀폐된 곳에 저장 · 소비 훈증
	작은벌집나방 (*Archroia grisella*)	· 꿀벌집나방보다 잡식성 (벌통부스러기 등) · 12mm	· 년 2회 발생 (5~6, 8~9)	· 꿀벌집나방과 동일
딱정벌레류	작은벌통딱정벌레 (*Aethina tumida*)	· 남아프리카 원산 · 1998년 플로리다 처음 발견 · 화분, 벌꿀, 어린벌 가해	· 토양에서 생활 · 벌통 내 침입, 화분, 벌꿀, 어린새끼벌 가해	· 세밀한 관찰 · 벌통주변 토양소독 · 심할 시 봉군소각
말벌류	장수말벌 (*Vespa mandarinia*)	· 늦은 여름 ~ 가을에 집단, 벌통침입(8상~10월) · 원래는 육식성, 꿀, 과즙을 좋아함	· 큰 고목, 토굴 속 3~5층집, 집단생활	· 유인트랩
	등검은말벌 (*Velutina nigrothorax*)	· 중국남부, 베트남, 인도원산 · 부산, 경남, 전국으로 확산 중	· 나뭇가지 위에 서식	· 유인트랩

<표13-3> 꿀벌에 기생하는 응애류의 기주와 가해부위

종류	기주	기생생식장소 (가해부위)
꿀벌응애	동양종	어린새끼벌방, 성충벌
	서양종	어린새끼벌방, 성충벌
중국가시응애	서양종	어린새끼벌방, 성충벌
	동양최대종	어린새끼벌방, 성충벌
꿀벌기문응애	서양종	성충벌의 숨구멍 (기관지)
	동양종	성충벌의 숨구멍 (기관지)

<표13-4> 꿀벌응애의 기생에 따른 봉군 붕괴 임계 밀도

시기	봉군 붕괴 밀도 (마리) / 1통
겨울	0.5
봄	6
초여름	10
한여름	16
늦여름	33
가을	20

· 3~5일간 벌통 밑의 눈금 판 시트지에 떨어진 응애의 수 (영국)
· 끈끈이 판을 이용

(1) 꿀벌응애 (*Varroa destuctor*)

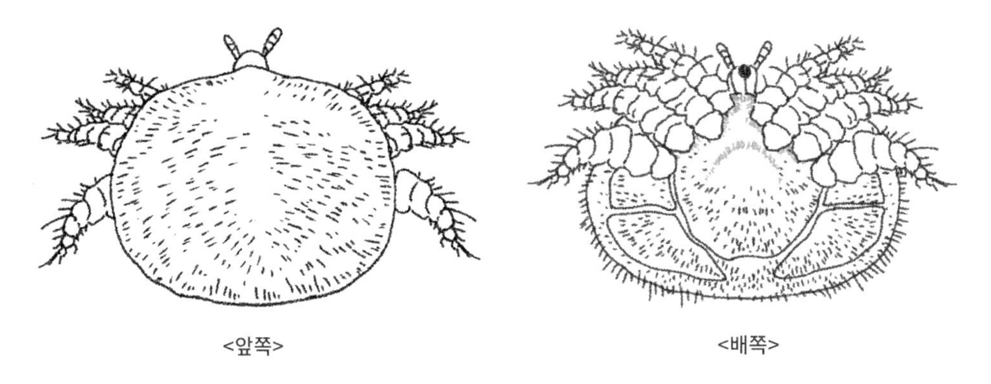

<앞쪽> <배쪽>

(2) 중국가시응애 (*Tropilaelaps clareae*)

(3) 기문응애 (*Acarapis woodi*)

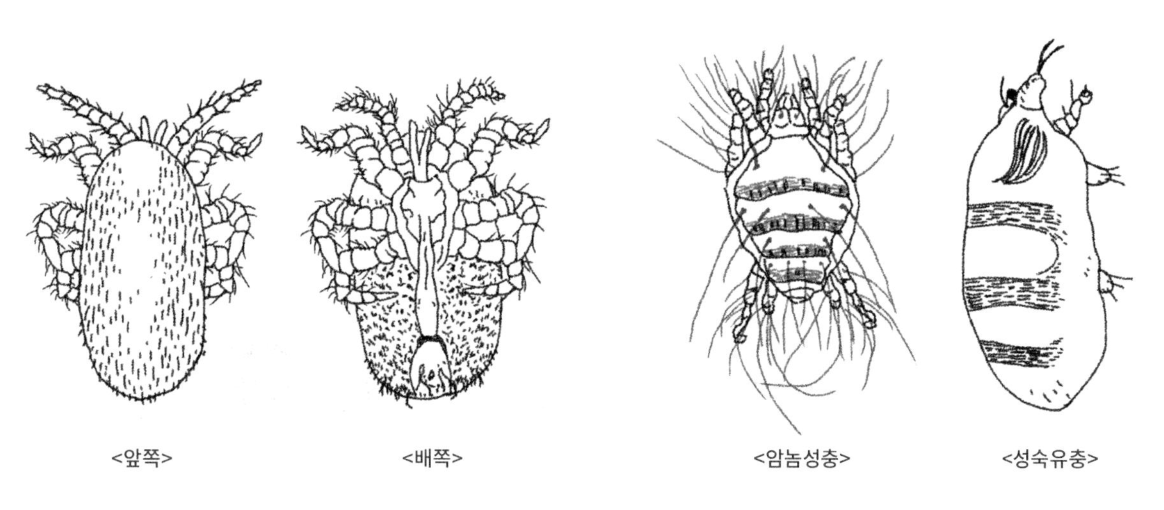

<앞쪽> <배쪽> <암놈성충> <성숙유충>

<표13-5> 수벌과 일벌에서의 꿀벌응애의 발육상황

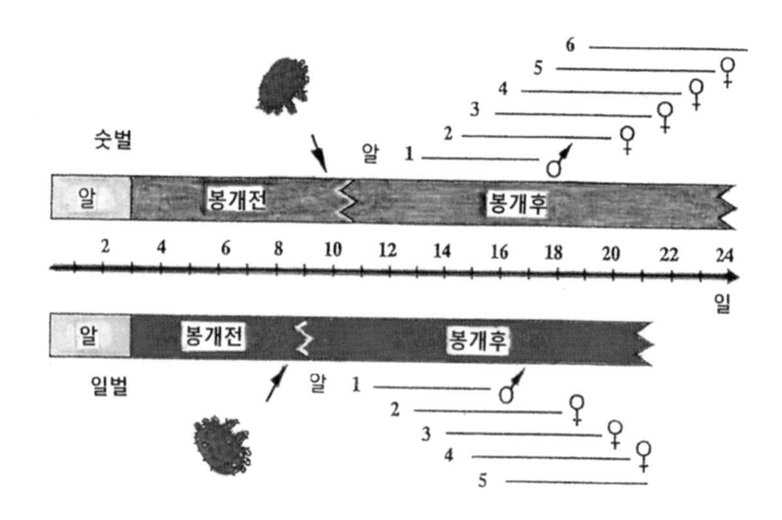

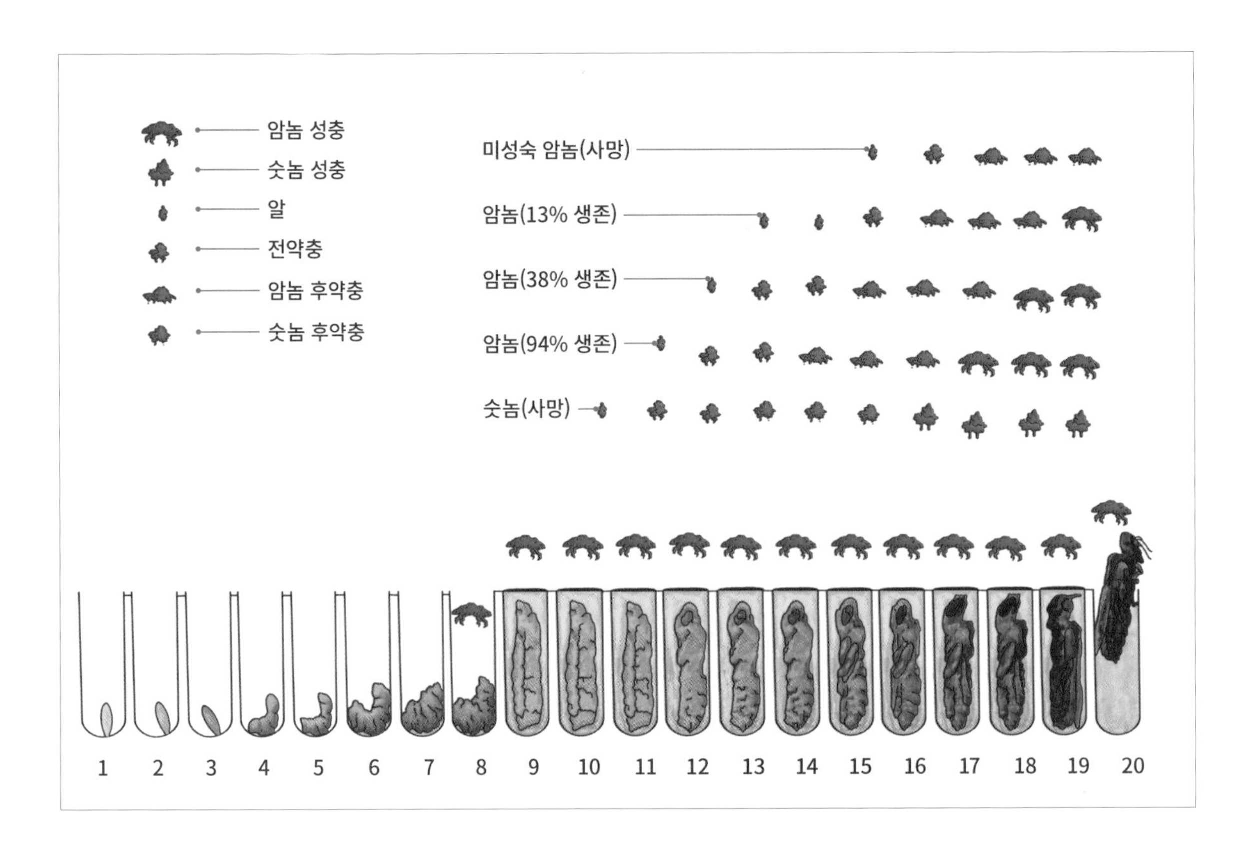

<그림13-1> 꿀벌의 발육에 따른 꿀벌응애의 기생발육상황

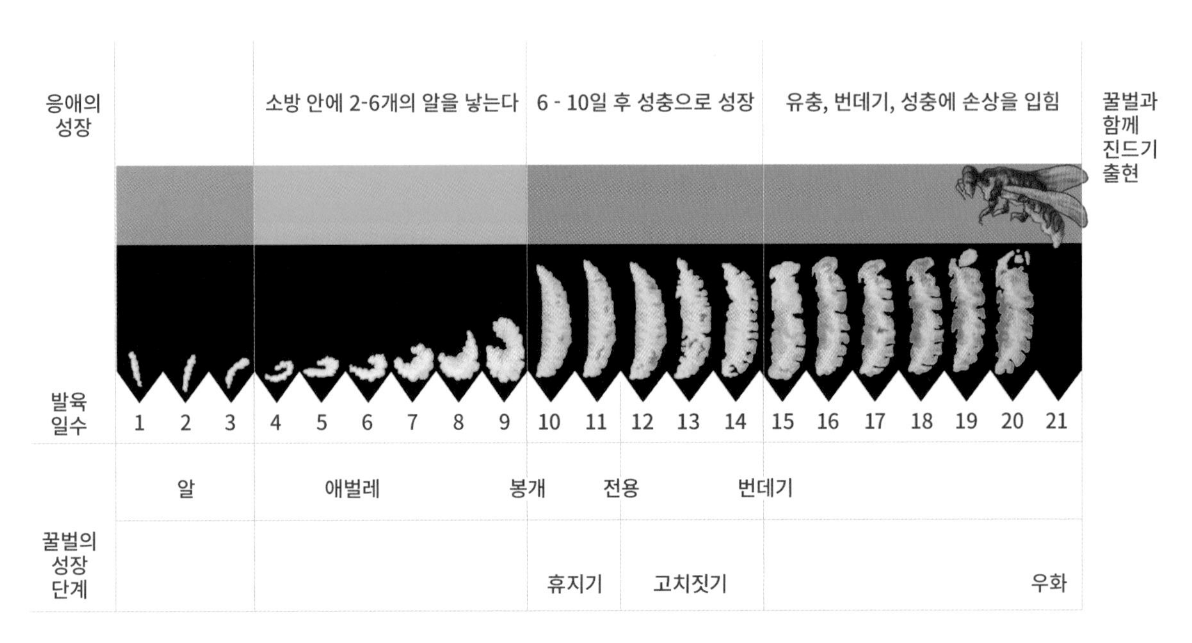

<그림13-2> 꿀벌 (일벌)과 꿀벌응애의 발육 및 성장과정

1. 꿀벌응애가 체액을 빨아먹고 있는 꿀벌 성충

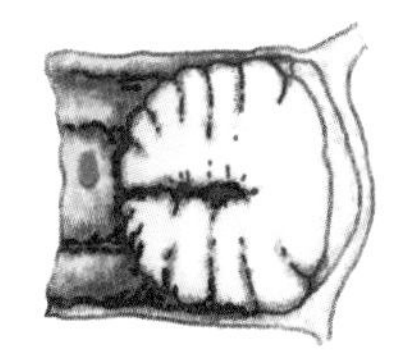

2. 5~5.5일 경과한 유충이 있는 소방에 꿀벌응애가 침입

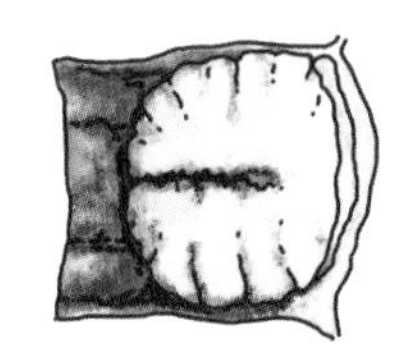

3. 꿀벌응애가 소방 바닥의 유충에 침입

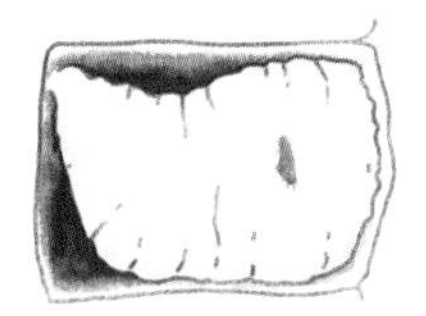

4. 전용을 가해함

5. 봉개된 후 60시간 후 암컷은 첫 번째 알을 산란한다. 30시간 간격으로 계속 산란

6. 1~6개의 알이 유충으로 자라고 전악충과 후악충이 된다

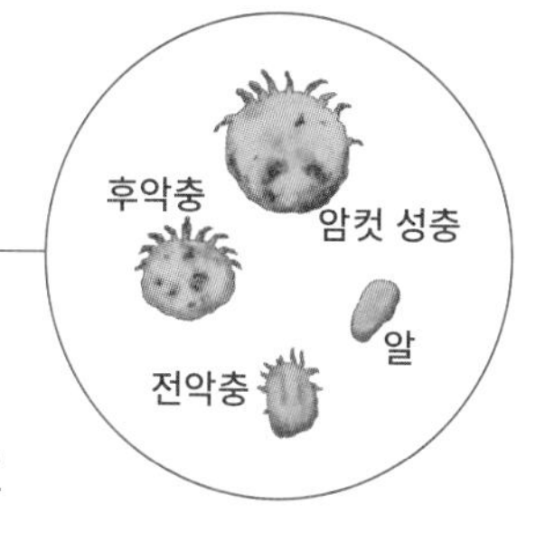

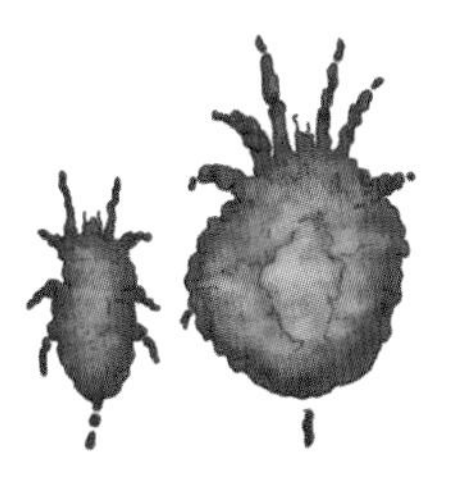

7. 5~6일된 수컷 7~8일된 수컷

8. 응애는 소방 내에서 교미한다

9. 암컷 꿀벌응애는 꿀벌이 우화할 때 소방을 떠난다. 수컷과 악충은 소방 내에 머문다

10. 꿀벌의 접촉으로 꿀벌응애가 전파된다

<그림13-3> 꿀벌응애의 생활사

02 꿀벌집 나방류

<표13-6> 꿀벌나방 (소충)류 Wax moth의 특성 및 방제법

이름 (학명)	꿀벌집나방 (*Galleria mellonella*)	작은벌집나방 (*Achroia grisella*)
크기	19 ~ 21 mm	12 ~ 20 mm
발생	2회 (4~5월, 7~8월)	2회 (5~6월), (8~9월)
산란수 ·난기간 ·유충기간	300 ~ 1,000개 이상 10일 20일	250 ~ 300개 5일
가해	소비에 구멍을 뚫고 그 속에서 소비를 먹어 치움	소비의 밀랍, 꽃가루, 벌통밑의 설탕 등
월동	유충, 번데기	유충, 번데기
피해	·저장 등의 빈소비에서 소초에 구멍을 뚫고 가해 ·약한 봉군에 침입하여 산란 ·꿀이 들어있는 벌집에서도 발생	·꿀벌부채명나방 참고
예방 및 구제	·소비를 신문지에 싸서 냉동고에 보관 ·화학약품을 (꿀이나 소비에 흡수되지 않는 제품) 사용하여 훈증하거나 살포한다 ·미생물농약 (세균제)액제 ·미생물농약 (BT나비세균제) 살포	·꿀벌부채명나방 참고

03 작은벌집딱정벌레 (*Aethina tumida*, Small hive beetle, SBH)

<표13-7> 작은벌집 딱정벌레의 특성 및 방제법

구분	내용
분류위치 및 분포	· 밑빠진벌레과 (*Nutidulidae*) · 남아프리카 원산, 1998년 미국 플로리다 주 최초발견 이후 여러 나라로 확산 · 호주(2002년)외 뉴질랜드, 영국, 유럽, 남미 등지로 확산
형태	· 성충 : 약 6mm의 흑갈색에 ~ 검정색 · 애벌레 : 약 9mm의 황색
발육	· 생존기간 : 약 6개월 · 알 기간 : 2일 · 유충 : 7~10일 · 번데기 : 3~4주 (토양속)
생활 및 발생	· 산란 : 일생 약 1,000개 · 유충, 번데기 : 벌통 주위의 땅속 표면 10m 이내에 생활 · 발생 : 연 4~5회
가해	· 유충 : 주로 화분, 꿀 등 벌집을 가해
피해	· 애벌레의 집중 가해로 인하여 벌집 붕괴, 벌꿀을 부패시킴 · 심하면 벌들이 탈출 도망
예방, 구제	<예방> ① 조기예찰 : 유인 트랩으로 벌통 내 세력 급격히 감퇴, 벌꿀의 도난 관찰 및 포살 ② 규조토를 벌통 주위에 살포로 침입 억제 <구제> ① 벌통주변 1m 이내에 permethrin 토양살포 ② 기생선충, 미생물제제 등 천적 사용 ③ 빈벌집은 저온에서 보관 ④ 봉군소각 (심한감염 피해 시)

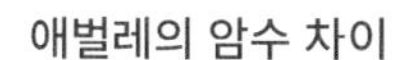

<성충>

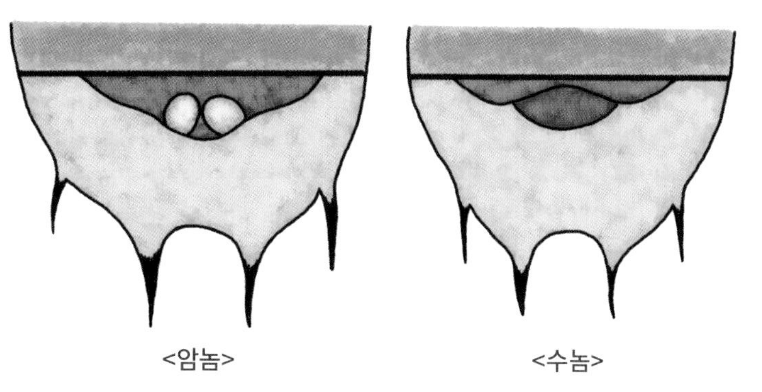
<암놈> <수놈>

<그림13-4> 작은벌집딱정벌레(*Aethinatumida*, SHB)의 각 태별 형태적 특징

04 국내 주요 말벌류의 종류와 특징

말벌과 (Vespidac)	한국명	학명	크기	특징
	장수말벌	*Vespa mandarinia Cameron*	일벌 25 수벌 40 여왕 45	한국 최대종이며 양봉장에서 피해가 큼
	꼬마장수말벌	*V. ducalis Smith*	일벌 30 수벌 25 여왕 32	배 끝마디가 흑색
	말벌	*V. crabrc flavofasciata cameron*	일벌 25 수벌 25 여왕 30	황색 머리에 정수리 홑눈 부위가 흑색
	좀말벌	*V. analis parallela André*	일벌 26 수벌 26 여왕 30	말벌과 비슷하나 촉각이 흑갈색
	등검은말벌	*V.velutina nigrothorax*	일벌 수벌 여왕	중국남부, 베트남, 인도 부산, 경남 → 전국
	검정말벌	*V.dybowskii Andre*	일벌 18~20	배 전체가 흑색
	털보말벌	*V.simillima simillima Smith*	일벌 25 수벌 25 여왕 28	크기가 작으며 몸에 털이 많이 남

1. 피레드린계 (2007년 현재)

구분	제품명	용법용량	휴약기간	비고
플루바리네이트 (Fluvalinate) (꿀벌진드기 및 가시응애 방제)	피투	소비 5매벌 이하 한 통당 본제1개를 소문 앞쪽 벌통벽에 고정시켜 걸어둔다	-	제조
	중앙피투	소비 5매벌 이하 한 통당 본제1개를 소문 앞쪽 벌통벽에 고정시키어 걸어둔다	-	제조
	한동피투	소비 5매벌 이하 한 통당 본제1개를 소문 앞쪽 벌통벽에 고정시켜 걸어둔다	-	제조
	왕스만푸리크	- 소비 5매군이상 벌집통 (2매 스트립사용)3, 4번째 소비와 7, 8번째 소비사이의 벽면에 처리 - 소비 5매군 이하 벌집통 (1매 스트립사용)3, 5번째 소비 사이의 벽면에 처리	-	수입
플루메트린 (Flumethim) (꿀벌응애 방제 및 진단)	바이바를	정상발육군 : 특별한 지시가 없는 한 봉군당 4매 사용 약군 : 한 봉군당 2매 사용 강군 : 봉군의 상황에 따라 한 봉군당 6~8매 사용	-	수입
	아피몰	본제를 10g당 500ml의 설탕용액에 녹여 봉군에 뿌려준다	-	수입

2. 유기인계

구분	제품명	용법용량	휴약 기간	비고
아미트라즈(Amitraz)	바로캇트훈연지	한 봉군당 1회 1매를 점화하여 벌통 소문으로 넣어 준다		
시미아졸(Cymiazole)	바로킬	치료 : 예방 용량을 7일 간격으로 2회 처리		
	바로킬피	치료목적으로는 1주 간격으로 2회 투여하고 진단목적으로는 1회만 투여한다		
쿠마포스 (Coumaphos)	페리진액	벌통 1통당 본제 희석액 50ml를 첨부된 주입기로 각 소비사이(소비 상단 측면)에 골고루 점적한다.		
	페리진	벌통 1통(소비 12매)당 본제 희석액 50ml를 각 소비사이 (소비 상단 측면)에 골고루 점적한다.	6주	
테트라디폰 (Tetradifon)	신등전 훈연지	1군에 1매를 사용, 훈연지에 불을 붙여서 소문안으로 밀어 넣는다 (가급적 맑은 날씨에 사용)		
브로모프로필레이트 (Bromopropylate)	폴벡스-VA	소비 7매군 이상의 벌집통 - Varroa 병의 진단 : 1회에 훈연지 1매씩 4일 간격으로 2회 처치 - Varroa 병의 치료 : 1회에 훈연지 1매씩 4일 간격으로 4회 처치 - Acarine 병의 치료 : 1회에 훈연지 1매씩 7일 간격으로 4~6회 처치 - 소비6매군 이하의 벌집통 : 각 처리 시마다 훈연지 반 장씩 사용		

3. 천연물 제제

구분	제품명	용법용량	휴약기간	비고
개미산 (Formic acid)(꿀벌응애, 가시응애 방제)	응애멸	소비 5매벌 이하 : 1통당 본제 1개를 윗 덮개를 벗겨낸 다음 소문안으로 밀어 넣는다		제조
티몰 (Thymol) (꿀벌응애류 예방치료, 확산방지)	메파티카	치료 목적 : (2%)사용액 20%을 1회에 소비 1매당 50ml씩 사양방식으로 투여하며 매일 또는 격일제로 10회 투여		제조
	티모바	본제 1매를 반으로 절단한 두 조각을 소초광 상대 위에 10ml 이상 떨어뜨려 놓되 본제의 향이 소상내에 골고루 퍼지게 대각선 또는 적당한 거리를 두어 투약한다		수입
프로폴리스+구연산 (Propolis+ Citric acid)(꿀벌응애 방제)	비넨블	· 사용량 : 소비 1매당 본제 1ml를 기준 · 사용시기 - 산란기 : 6~7일 간격으로 한 번씩 연속 4회 투여 - 비산란기 : 1회 투여		제조

4. 꿀벌응애 방제 약제 사용 현황 및 그 역효과 – 저항성, 독성, 잔류

제제별	원제명	상품명	사용봉장수 (%)	역효과		
				저항성유발	독성	잔류
피레드린제 (제충국제)	Fluvalimethrin	왁스 (P2)	40(75.5)	+++		
	?	**속살만	9(17.0)	+++		
	Fluvalinate	아피스탄	1(1.9)	+++		
	"	*마브릭	1(1.9)	+++		
	"	만패	1(1.9)	+++		
유기인제	Amitraz	마이카트	3(5.7)	++	+	
	Coumaphos	패리진	2(3.8)	+	+	+
	Bromopropirate	폴벡스	2(3.8)	++		+
	Amitraz+buprofezin	*히어로	1(1.9)	?	?	?
천연물 제제	씨트르산	비넨볼	24(45.3)			
	개미산	개미산	4(7.5)			
기타	성분미상?	*다카르	1(1.9)			

* 마브릭(진딧물약), 히어로(깍지벌레약). 다카르(?) ** 1. Fluvalinate, 2. Amitraz, 3. Lactic acid

5. 합성응애약제의 사용효과에 대한 지속기간 (미국)

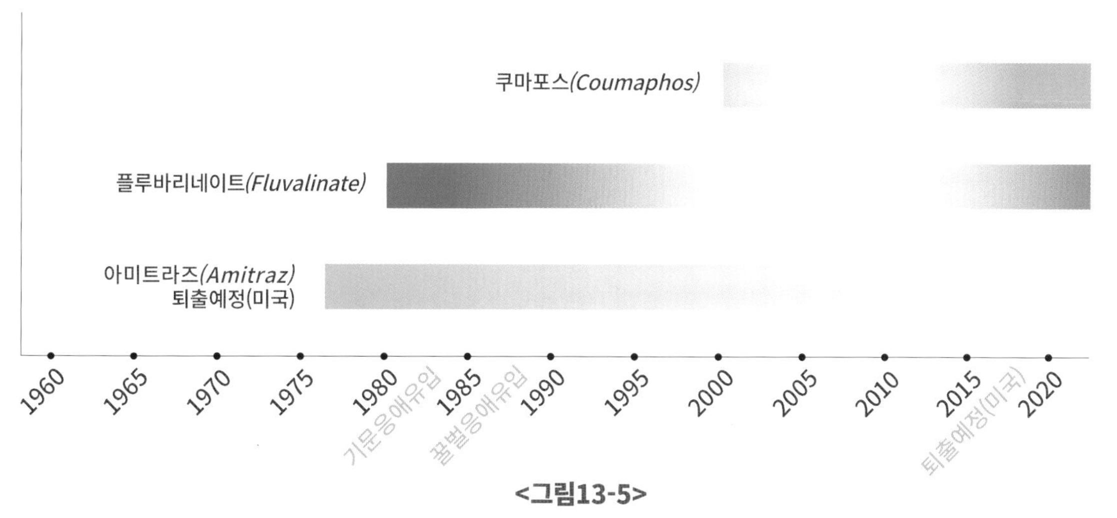

<그림13-5>

각 응애약제의 유효지속기간을 색상농도로 나타내었으며 일정기간 사용하지 않은 후 Fluvalinate 와 coumaphos는 약제 저항성에 대한 비용으로 약제로서 효험을 되찾았다.

6. 꿀벌응애의 방제약제의 특성

상 품 명	활 성 물 질	화학적 분류
아피가드(Apiguard)	티몰	식물성 정유
아피라이프(Apilife VAR)	티몰, 유칼리톨, 박하, 장뇌	식물성 정유
아피스탄(Apistan)*	플르바리네이트	합성피레드린계
아미트라즈(Amitraz), 마이컷트 (Miticut), 아피바롤(Api-warol) (정제)	포로마딘	프로메타네이크, 메탄이미디다마이드
아피톨(Apitol)	시미아졸	이미노페닐 티아졸리딘 유도체
아피바르(Apivar)*	아미트라즈	아마딘
바이바롤(Bayvarol)*	플루메트린	합성피레드린계
체크마이트(Check-mite)	페리진, 쿠마포스	유기인제
폴백스(Folbex)	브로모프로필레이트	염화탄화수소
수크로사이드(Sucrocide)	수크로즈옥타네이트	설탕에스테르
히베스탄(Hivestan)	펜피록시메이트	피라졸(알카리성)
천연물(Genetic) (응애방제 Miteaway)	개미산	유기산
천연물(Genetic)	젖산	유기산
천연물(Genetic)	옥살산	유기산

* 지역에 따라 효과가 다를 수 있음. <Rosenkranz 등 2010>
* 살충제 사용을 지속적으로 실시할수록 독성에 의한 해는 증가함

<그림13-6> 아미트라즈(Amitraz)에 대한 저항성 발생 보고 지역

* 연구자, 양봉가들이 Amitraz가 꿀벌응애 방제에 실효성이 낮거나 사용이 불가하다고 보고한 사례 (녹색폭발지역)

06 꿀벌응애의 종합 방제기술

<표13-8> 응애방제의 종합적 관리기술

여러 가지 방제 방법 중에서 꿀벌 사육과정에 꿀벌집단과 꿀벌 생산물에 손실을 최소화할 수 있도록 조화를 이룰 수 있는 안전한 방법을 선택 사용하여 최대한의 효율을 얻고자 하는 것이다.

방제기술	내 용
기존살충제사용	화학약제 (Fluvalinate, flumethrin)
약제방제	기피제, 제습제, 식물성정유 (에센셜오일), 가루설탕
생물적방제	포식자 (포식응애), 기생자 (기생벌), 병원균 (나비세균)
물리적방제	트랩, 망, 장벽 설치, 늦은 여왕벌 양성
사양기술적방제	양봉장 선정, 위생청결, 응애저항성 계통벌 품종 육성보급 정기적 관찰에 의한 조기 발생예찰 실시

<표13-9> 꿀벌응애 방제의 계절적 관리체계

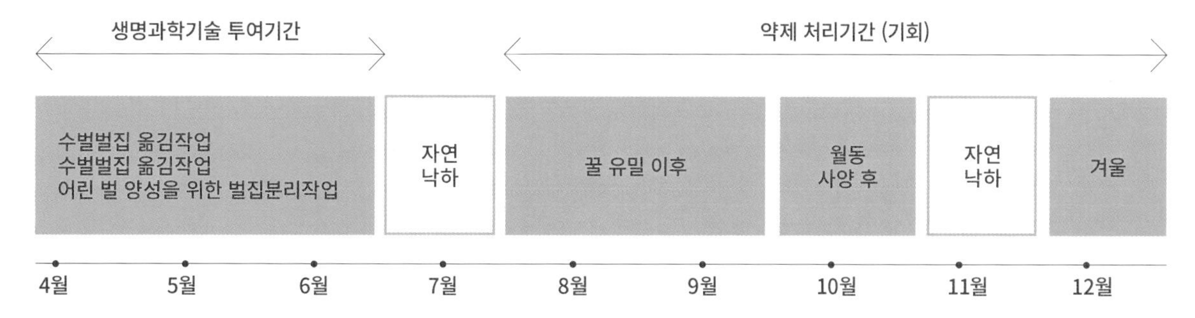

1. 꿀벌응애의 생태적 방제

(1) 사전 밀도조사를 통한 피해발생 예찰에 의한 진단

① 샘플조사 벌통 선정

② 끈끈이 그라프 판지를 깔아 바닥에 떨어진 응애수 계수

③ 요 방제 밀도에 따라 약제처리 결정

(2) 일시적으로 꿀벌밀도 증식 차단시킴

① 꿀벌응애는 일벌의 번데기 방에서 번식완료

② 따라서 응애의 번식도 차단됨

(3) 유인포살 실시

① 일벌방보다 수벌방의 응애의 기생률이 높다

② 벌집 양측면에 수벌집을 조성하여 유인시켜 포살

1. 끈끈이 판지를 깔아 바닥에 떨어진 수를 계산하여 진단

2. 수벌집을 이용하여 여왕벌의 산란을 중단시켜 응애의 번식을 차단 또는 유인하여 포살한다.

2. 생물학적 방제약제의 개발과 방제 방법

(1) 천연물제제 사용 : 티몰 (에세셜오일), 비넨볼

① 태우거나 흘리는 방식 (티몰, 비넨볼)

② 기화방식 (개미산, 옥살산)

(2) 미생물제제 사용 : (나비세균–벌집나방)

<개미산>

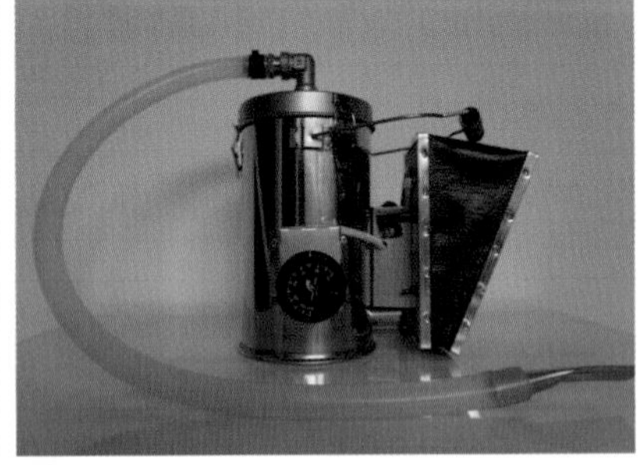

<기화기>

<그림13-7> 기화방식_개미산

<태우는 모습>

<비넨볼>

<흘리는 모습>

<티몰성분의 티모바>

<그림13-8> 흘리거나 태우는 방법

PART
14

꿀벌과 양봉

꿀벌의 질병 및 해충의 발생과 진단 및 조치요령

PART

14

꿀벌의 질병 및 해충의 발생과 진단 및 조치요령

01 꿀벌질병 및 해충발생 변천현황

<표14-1> 전국의 꿀벌질병 및 해충의 발생 현황 (2005)

구 분	발 병 율 (%)				C/A (%)
	2004 (A)	2001 (B)	A - B	피해율(%)	
응애류	43.5	38.9	+4.6	27.7	63.7
노제마	17.7	11.4	+6.3	12.6	71.2
부저병	7.7	24.0	-16,3	7.2	93.5
백묵병	13.2	24.8	-11.4	12.8	97.0
평 균	20.5	24.7	-4.2	15.1	81.4

02 꿀벌질병 및 해충발생 진단과 방제요령

① 주기적 봉장 관찰 실시로 조기에 증상 발견

② 발견 즉시 자가진단 조치 후 전문가에게 감정의뢰

③ 전문 감정결과에 따라 소각하되 의뢰된 표본 집단은 멸균 후 재사용 가능 여부를 결정

03 꿀벌질병 예방 및 조치요령

① 봉장의 청결 유지하고 수집 폐기물들은 밀폐된 공간에 보관 또는 소각처리하거나, 최소 20cm 깊이 토양 속에 매몰 처리

② 각종 오염원의 유입을 사전차단 및 방지

- 봉군, 봉기구 : 반드시 사전에 소독 처리여부 확인 후 사용
- 도봉 : 여러 개의 벌통이 일시에 도봉되는 것을 철저히 차단
- 급수, 급이 : 오염원을 차단 (급수), 사전 무균처리실시, 신선도 유지보관 (먹이)

③ 소독실시요령

- 습열멸균 : 끓는 물에 10분간 살균
- 화염멸균 : 부탄가스, 토치를 사용 불꽃멸균
- 건열멸균 : 오븐에 160℃, 2시간 처리
- 소독제 사용 : 락스 (유효염소농도 1~1.4%)용액에 20분 방치
- 에틸렌옥사이드 훈증처리 : 권장지침대로 실시

④ 발병 조기진단 실시 및 조치

- 표본의 전문가 의뢰 : 시료는 진단이 가능한 상태 그대로 신속히 송부할 것
- 표본우송요령

[시료의 채취 및 포장]

- **꿀벌 : 살아있는 상태일 경우 (10~50마리), 죽은 상태일 경우 (가급적 오염되지 않도록 포장)**
- **응애 : 70% 알코올 용기에 넣어 송부**
- **질병 감염의심 표본 : 감염의심 표본을 반드시 따로따로 종이 봉투에 느슨하게 포장하되 밀봉하지 말 것**
- **유충사체 : 가급적 증상이 보이는 벌집 (5×5cm) 크기로 잘라 포장할 것 또는 사체 10~30마리 (가급적 최근 것)**
- **포장 후 반드시 이중 재포장하되 눌리지 않도록 포장 (비닐계통포장은 금지)**

[시료 송부 시 기록사항]

- **간단한 병징 및 소견 명기**
- **채취장소, 시기, 채집자 성명 및 주소, 전화번호 연락처 기재**
- **기타 특이사항 표시**

04 꿀벌기생 해충의 진단 및 방제요령

① 꿀벌기생 응애의 조사방법 및 감별요령

– 행동 : 소비면에서 빠르게 기어 다니는 것 (중국가시응애), 느리게 기어 다니는 것 (꿀벌응애)

– 검사요령 => 봉개소방을 헤치고 핀셋으로 어린 유충을 꺼내서 몸체나 소방을 검사한다. (중국응애는 등이나 복부가 접히는 곳을 검사한다)

=> 소상바닥에 끈끈이 시트지를 깔아놓고 떨어진 수를 센다.

– 형태적 특성관찰 : 넓은 타원형 (꿀벌응애), 장축이 긴 타원형 (중국가시응애), 세모꼴 타원형 (작은꿀벌응애)

② 꿀벌기생 응애의 감염여부 진단조사

– 달관법, 끈끈이 판, 씻어내기, 약제 사용, 연무법 등 여러 가지 방법이 있다.

– 간편하고 정확한 감염밀도를 추정하는 데는 끈끈이 판 시트지를 이용하는 방법이 사용된다.

<표14-2> 끈끈이 판 이용 기생률 조사법에 의한 봉군붕괴 가능평가 기준밀도

조사시기	봉군붕괴밀도 (마리)
겨울	0.5
봄	6
초여름	10
한여름	16
늦여름	33
가을	20

* 3~5일간 벌통 밑에 깔아둔 눈금판 시트지 위에 떨어진 응애수 (영국 조사결과)

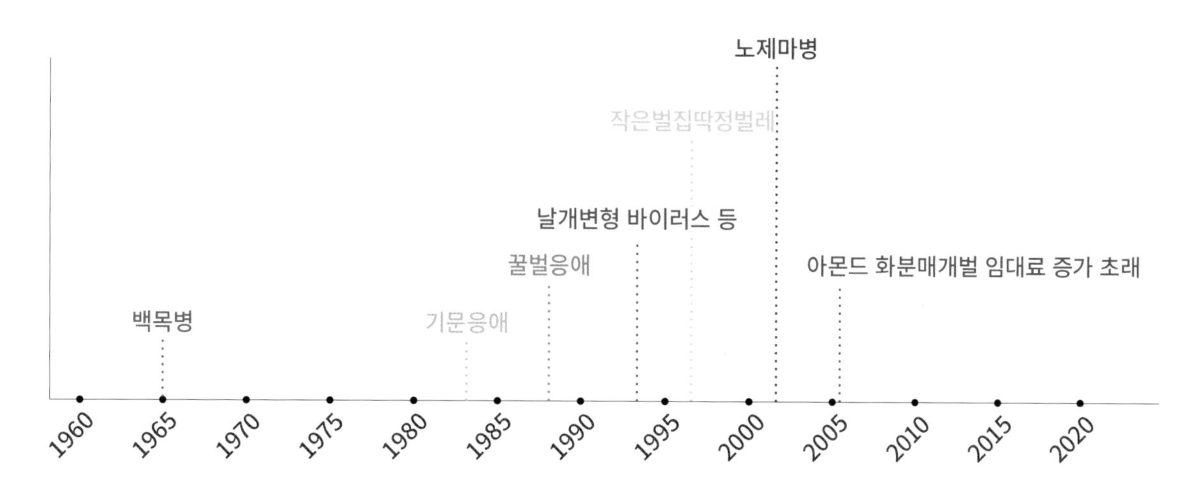

<그림14-1> 최근의 꿀벌기생성 질병 및 해충의 유입현황(미국)

※ 새로운 꿀벌해적들의 침입영향으로 2004/2005년 겨울 아몬드 화분매개벌의 부족현상이 최고조에 달했다. 양봉농가(인도최소종)들은 지금도 기문응애, 등검은말벌 등 또 다른 잠재적 침입해적들에 대하여 걱정하고 있다.

PART

15

꿀벌과 양봉

꿀벌을 이용한 화분매개

PART

15

꿀벌을 이용한 화분매개

"인류는 많은 종의 생물들을 잃고 있으며, 그 속도는 매우 빠르다"

– Garry Bolger –

"Watch the bees, because, if the bees disappear mankind will disappear within 4 years

꿀벌이 세상에서 사라지면 4년 뒤 인류도 사라질 것"

– 아인슈타인 –

01 화분매개 곤충(방화곤충)과 종류

각종 식물의 꽃에 모여드는 각종 곤충류들은 수술의 꽃가루를 입 속에 넣어 옮겨 수정이 이루어져 식물의 결실을 맺게 함

(1) 화분매개 곤충 중 85%가 벌 종류 (꿀벌, 뒤영벌, 가위벌, 꽃벌 등)

(2) 세계주요 100대 농작물의 71%가 곤충의 방화활동에 의해 화분이 매개됨 (FAO)

(3) 농작물의 67%가 꿀벌에 의해 화분이 매개됨 (유럽)

<표15-1> 화분매개 곤충의 종류

	개발 유망종	대상작물	비고
I군 나비 류, 파리 류, 딱정벌레 류	·배짧은 꽃등애	·과수 류 (사과)	일부 지역
II군 고독생활벌 류	·뿔가위벌 류 ·가위벌 류 ·꼬마꽃벌 류	·핵과 류 (사과) 미국,일본, 한국 ·팔파 (미국, 캐나다, 유럽) ·과수 류 (미국)	대구일대 보편화 사과재배지역
III군 땅벌 류	·호박벌 ·서양뒤영벌	·한국 ·유럽, 이스라엘, 한국, 뉴질랜드	약 7만 통 (자체 생산, 일부 수입)
IV군 꿀벌 류	·서양종꿀벌	·대다수 작물 (특히 딸기) ·전 세계적	약 40만 통 투입

<표15-2> 세계 여러나라의 꿀벌에 의한 화분매개 효과

국가	효과 (이익)
미국	·190억 불 : 양봉산물 1억 3,280만 불의 약 143배 (1983 Levin) - 과실, 섬유생산 : 33억 불 - 종자 생산 : 84억 불 - 건초, 낙농제품 생산 : 71억 불
유럽	·화분매개 곤충의 경제적 가치 (2008, Galli) 1,53억 유로 (약 214조 원) ·꿀벌은 소, 돼지, 꿀벌 그리고 닭의 순으로 3번째 중요한 가축
캐나다	·수익효과 약 12억 불 (양봉산물 6,000만 불)
한국	·화분매개 꿀벌의 기여도 : 약 6조 원 (한국양봉학회 2008년) (주요 16개 농작물 생산액 12조 4천억 원의 약 50%)

02 화분매개의 중요성, 필요성, 구비조건

(1) 중요성

① 전 세계 곡류의 일부를 제외한 거의 모든 작물은 각종 화분매개 활동에 의해서만 완전 결실가능.

② 화분매개 곤충에 의한 수분작업이 어떤 다른 인공수정보다도 효과적이고 경제적이다.

(2) 필요성

① 시설하우스 재배 작물의 종류 및 재배 면적의 증가

② 산업화, 도시화, 집단재배 면적의 증가로 인한 과도한 농약 살포로 화분매개 곤충의 밀도 감소 초래

③ 산물의 수량 및 고품질 상품성요구 증가

④ 농가 경영 관리비의 상승 (인건비)

(3) 구비조건

① 방화활동이 우수할 것

② 대량사육이 용이할 것

③ 행동습성, 저장성 등의 이용성이 높을 것

④ 해충화 가능성, 토착종 도태 초래 등의 유해도가 낮을 것

⑤ 기후환경에 적응력이 클 것

03 화분매개 대상작물의 조건

① 종류 (초본, 목본, 화훼, 일년생, 다년생) 별 생장생리 생태

② 재배환경 및 재배시기 (노지, 하우스, 조기, 만기)

③ 꽃의 형태 및 색깔 (개체별, 총생형, 푸른색)

④ 수정형태 (자화, 타화수정)

⑤ 개화시기, 시각 및 상태 (비, 바람, 안개, 매연)

⑥ 화관의 길이 (암, 수술의 형태)

⑦ 꽃가루, 꽃꿀의 생산정도 및 냄새 (밀원의 종류)

04 기후 변화와 CCD 현상

(1) 지난 반세기 동안의 기후 변화와 밀원식물이 화분매개 곤충에 미치는 영향

① 연 평균기온 1.03℃ 상승 → 특정 밀원식물의 생장에 영향

② 연 평균 강수량 약 200mm 증가 → 화분매개 및 활발한 수밀 활동 저해

③ 연 평균 일조시수 약 380시간 감소 → 주요 밀원 중에 화분 분비 감소 초래

④ 겨울철 기온의 지속적 상승폭 증가 (평균 2~3℃) → 월동 봉군에 불안정감 초래

⑤ 자연생태계 내 동식물의 활동리듬 혼란 발생 → 각종 밀원식물들의 개화시기가 겹치는 등 이상 현상으로 꿀벌의 활동과 개화시기가 어긋나는 생태계 엇박자 현상 초래

(2) 꿀벌군집붕괴현상 (CCD, Colony Collapse Disorder)이 밝혀지다

[가설 2005년] ① 유전자변형 작물 보급에 따른 생태계 변화로 인한 꿀벌의 스트레스 현상 초래

② 새로운 바이러스 질병 발생에 의한 집단 감염으로 사망 가능성

③ 거미줄 망과 같은 전자파의 영향으로 인한 귀소본능 상실

④ 신경독성을 지닌 약제 살포로 인한 집단치사

[결론 2014년] "Neonicotinoid 계통 살충제인 imidachloprid의 남용으로 인하여 집단 피해를 받았다" 는 사실이 밝혀짐
"Imidachloprid" 약 100개 국, 140개 농작물에 사용허가, 매년 6,000만 유로 판매 (사례)
<미국> 550만 군에서 240만 군으로 약 44% 감소 (2005년)   1922년 이래 83년 만에 꿀벌 수입
<독일> 봉군 수 25% 감소 초래

<표15-3> 아시아지역의 동양종꿀벌에서 발생한 유충주머니썩음병의 폐사율

국가	발생년도	패해정도 (%)
네팔	1984	~89
파키스탄	1985	~95
인도	1986	~95
미얀마	1986	~95
태국	1986	~95
중국	2009 ~ 2010	여러 지역 피해발생
한국	2010	~95

05 화분매개벌 시장

(1) 꿀벌이용 약 500억 원 이상

- 전국 약 186만 통 사육 중 약 21.5%인 약 40만 통이 화분매개용 벌
- 시설하우스 단지의 이용률이 급격히 상승   딸기하우스 100% 활용

(2) 뒤영벌 이용 (서양뒤영벌 Bombus terrestris)

① 전 세계 약 30개 회사 생산보급 (약 100만통), 90% 이상이 서양뒤엉벌

[주요 생산국가]
- 네덜란드(Koppert. BBB), 벨기에(Biobest), 이스라엘(Yad), 뉴질랜드 (Bee Pacific)

② 국내 10개 회사 생산보급 약 40 ~ 50억 원

- 1994 ~ : 수입에 의존
- 2007 ~ : 국내 자체생산 보급 시작
- 2010 ~ : 국내 생산 70% (45,000통), 수입 30% (20,000통)
- 국내토종 (2012) : 호박벌과 삽포로뒤영벌 사육법 개발보급 시작

(3) 가위벌 이용

- 1992 ~ : 머리뿔 가위벌 수입방사 (일본)
- 1998년 : 15만 마리 국내 생산
- 2009년 : 135만 마리 생산 보급 (경북일원)

06 작물별 화분매개벌 이용현황 (2010)

<표15-4> 10대 작물별 화분매개 곤충이용 현황

종 류	10대 채소	이용률(%)	10대 과수	이용률 (%)	시장금액 (억 원)
꿀 벌 (통)	305,217	4.8	32,386	7.7	500
뒤영벌 (통)	65,000	7.9	-	-	40
가위벌 (마리)			1,350,000	3.3	-

<표15-5> 작물별 화분매개벌의 이용현황

화분매개벌	시 설 채 소					과 수		채종포	사료작물
	딸기	토마토	참외, 수박	고추	파프리카	사과	배		
서양종꿀벌 (*Apis mellifera*)	+++	+	++	++		+++	++	+++	+
동양종꿀벌 (*Apis cerana*)	++					+			
서양뒤영벌 (*Bombus terrestris*)	+	+++		+	+++				
머리뿔가위벌 (*Osmia cornifrons*)	+					+++			

<표15-6> 꿀벌에 의한 화분매개효과 (예)

작 물		정상과율 (%)	시판가능 (%)	수 량 (개)	개당무게 (g)
딸기	방사구	82.7	93.5		
	무방사구	22.9	80.4		
사과	차단구			17	208.3
	개방구			80	226.3

<표15-7> 10대 채소, 과수류의 꿀벌에 의한 화분매개 이용현황

작물	사용군수 (통)	이용률 (%)
딸기	96,733	100
수박	85,538	36.9
참외	81,363	66.5
고추	30,451	51.8
멜론	10,977	30.0
서양호박	130	0.2
토마토	35	0.2
계	305,217	48 (평균)

<채소류>

작물	사용군수 (통)	이용률 (%)
배	13,893	7.9
사과	12,042	16.3
단감	5,104	3.4
복숭아	984	1.5
자두	362	1.3
계	32,386	7.7 (평균)

<과수류>
채소 + 과수 = 305.217 + 32.386 = 337.602 군

작물	사용군수 (통)	이용률 (%)
파프리카	3,632	60.9
토마토	31,406	39.7
고추	13,780	16.2
호박	1,352	5.2
수박	1,230	0.4
계	51,400	7.9 (평균)

<과채류>

<표15-8> 미국의 주요작물에 필요한 화분매개용 꿀벌의 적정군수* (ha 당 기준)

적정군수	대상 작물
2.5군	사과나무, 살구나무, 앵두나무, 자두나무
1~10군	복숭아나무, 아보가도, 해바라기, 갓, 화이트클로버, 감귤, 밤, 메론, 호박
5~10군	아몬드, 마케다미아, 블랙베리, 블루베리, 알팔파, 크림손클로바, 알사이크클로바
10~15군	망고
25군	딸기
15~30군	양파

* 소상과 소상간 간격은 60m 가 이상적임 (야외)
** 꿀벌임대료 : 16~35달러/봉군

<표15-9> 꿀벌의 화분매개 역할과 경제적 가치 (유럽)

소 돼지 **꿀벌** 닭

Tautz(2007) : Honey bees are the third most valuable domestic animal in Europe.

PART

16

꿀벌과 양봉

여왕벌 인공수정 기술

PART

16

여왕벌 인공수정 기술

01 인공수정 기술의 발전과 역사

① 약 200년 전부터 인공수정 기술을 탐색하기 시작.

② 1927년 미국의 Watson 박사가 만든 인공수정기를 사용하여 수벌의 정액을 미량 주사기로 생식강 내에 주사 성공.

③ 1950년대에 미국, 독일, 소련, 폴란드 등 여러 국가에서 인공수정 기술을 이용하여 새로운 꿀벌 계통을 육성하고 우량 교잡종을 육성하였다.

④ 중국은 1950년 때부터 인공수정 기술을 시도하기 시작하여 1960년대에 성공하였으며 1980년대에는 세계적 수준에 도달하였다.

⑤ 즉 한 마리의 수벌로 여러 마리의 암벌에 수정시키는 방법을 개발(중국길림성 양봉연구소).

신품종육성보급 : 삼교종벌(백산5호), 쌍교종벌(송단)등

02 필요한 설비기구

① 해부현미경 : (×10, ×20, ×40) 복합현미경 = 400~1,600배, 측정거리 = 100mm

② 인공수정장치 (미량주사기, CO_2통)

③ 해부가위, 핀셋, 미세갈구리, 패트리디쉬, 가위 등

④ 혈구계수측정기 (Haemocytometer)

⑤ 수벌케이지

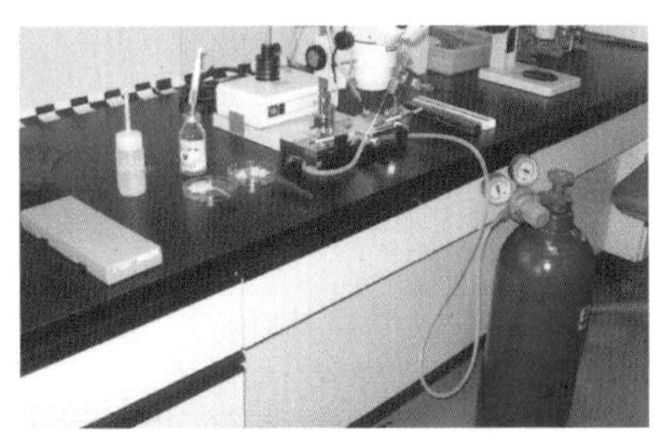

<그림16-1> 인공수정에 필요한 기구 및 장치

1. 탐지용 갈고리바늘

– 1~2 강 철사를 사용하여 만들고 여왕벌의 등판, 옆판, 질을 열 때에 사용.

2. 주사기

– 유기유리합성바늘, 강철바늘, 유리바늘, 합성수지바늘 등(내경=0.17mm, 외경=0.3mm)

(1) 유기유리합성바늘

① 투명하여 정액 채취과정을 볼 수 있다.

② 바늘 끝은 원추형으로 수정 시 정액이 밖으로 흘러나오지 않아 수정 성공률이 높다.

③ 정액 허용량이 적은 반면에 세척은 불편한 편이다.

(2) 강철바늘

① 4호 바늘기준 (외경 0.27mm, 내경 0.20mm)

② 바늘이 들어가는 깊이 정도를 정확히 알 수 있다.

③ 바늘 끝은 반구형으로 갈기가 쉬울 뿐만 아니라 가공도 쉽고 여왕벌에 손상을 주지 않는다.

④ (단점) 불투명하여 정액 채취 시 기포가 들어갈 확률이 높다.

(3) 유리바늘

① 외경8~10mm관을 사용하여 외경이 0.27mm, 내경이 0.17mm가 되도록 알코올 램프에서 가열한 후 당겨서 나팔 모양으로 만든다.

② (장점) 투명하여 정액채취 시 기포와 정액 흡입 과정을 발견 할 수 있다.

③ (단점) 파열되기 쉽다. (초보자의 경우)

(4) 합성수지 바늘

① 외경이 5mm의 재료를 사용하여 알코올 램프에서 나팔 모양으로 당겨 구부려 만든다.

② (장점) 쉽게 파손되지 않으며 수정 시에 바늘 끝이 휘어져서 여왕벌에는 손상을 주지 않는다.

③ (단점) 바늘 끝이 매끄럽지 않다.

3. 이산화탄소 마취장치 (CO_2 가스통, 세제 병, 교관, 여왕벌 고정장치)

① 여왕벌 마취 시에 사용 (소형이 좋다)

② 감압조절기를 사용하여 가스 유입량을 조절

③ CO_2가스통은 200g 들이 통 (큰 통 5kg은 이동양봉장 사용)

④ 마취 시, 단시간 내에 여왕벌을 정지상태로 만들어서 수정하는 것이 바람직하다.

⑤ 발정 반응을 감소시켜 수정 여왕벌이 신속히 산란하도록 한다.

⑥ 삼각플라스크, 유리관 등 (자체제작 가능) 병의 세척

– 세제(시중 화공약품 사용), 이산화탄소 중의 이물질과 유해입자 제거

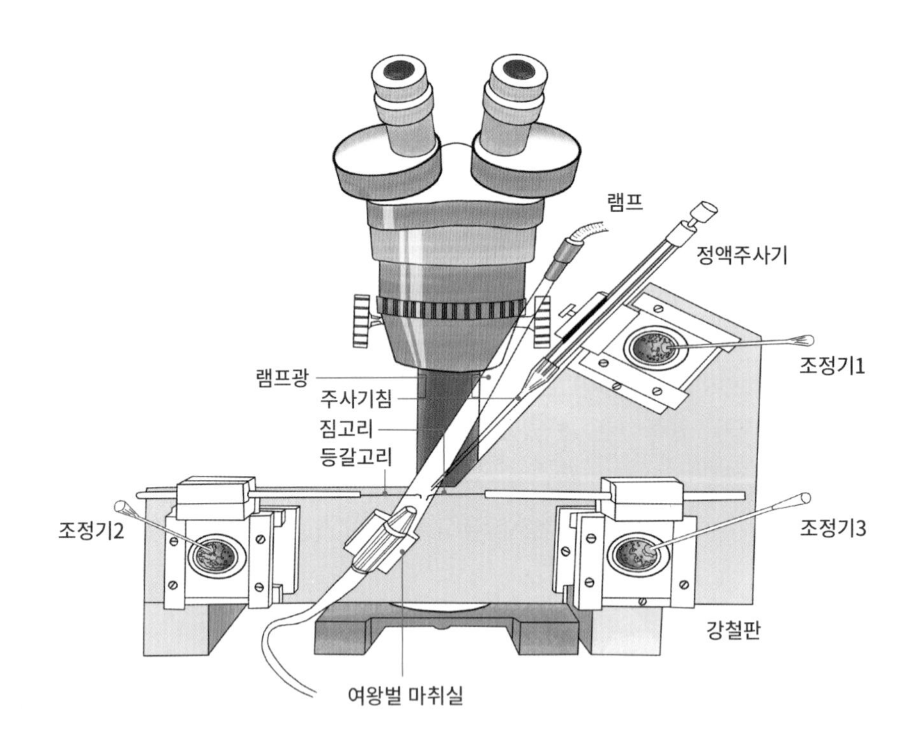

<그림16-2> 인공수정장치

4. 여왕벌 고정기 (여왕벌 마취 시 사용)

– 여왕벌 유리관 + 공기통마개 + 고정관으로 구성

① 여왕벌을 유리관에 들어가게 한다

② 고정관과 여왕벌이 서로 유리관을 접촉하게 한다

③ 여왕벌이 고정관으로 들어간 즉시 공기통 마개를 고정관에 삽입한다.

④ 마개가 여왕벌의 두부에 접근할 때 촉각과 두부에 피해를 주지 않도록 천천히 밀어 넣는다

⑤ 여왕벌의 복부가 3~4마디가 나올 때까지 서서히 밀어 넣는다

⑥ 공기통마개의 뒤 부분은 고무관으로 이산화탄소 세척병과 가스통에 연결시킨다.

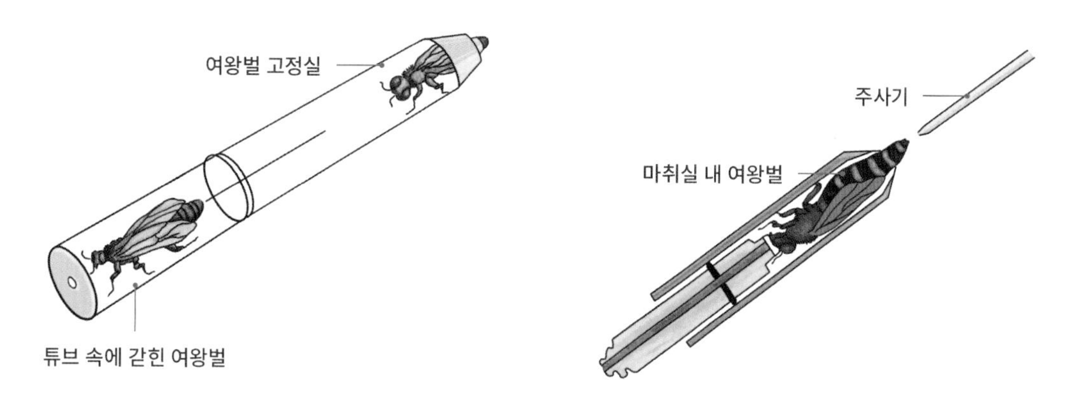

<그림16-3> 여왕벌 고정장치 (마취실)

5. 수벌 비상케이지 (상자) : (330 × 280 × 250mm)

① 봉장에서 수벌을 잡아 상자 내에서 배설시키고 정액채취 시에 사용하는 나무틀에 철사 망으로 만든 상자.
② 상자의 뒷면과 뒷벽에 철사로 고정하고 윗 덮개에 여왕틀을 안장시킴
③ 앞면은 섬유판으로 고정하고 섬유판에는 직경 100mm의 동그라미를 만들어서 수벌 채취 시 사용한다.
④ 평상시에는 천으로 막아서 이 구멍으로 탈출하는 것을 방지한다.

03 약품 및 시약

1. H_2SO_4스트렙토마이신, 0.9% NaCl주사액, Xylose, 75% 살균수, NaCl, KCl, 과당, 포도당, 구연산소다, 황산, $NaHCO_3$등

2. 정액희석 보호액의 종류

A	
중탄산소다 ($NaHCO_3$)	0.21g
염화칼륨 (KCl)	0.04g
구연산소다	2.43g
황산	0.30g
포도당	0.30g
증류수	100ml

B	
염화나트륨 (NaCl)	1.70g
염화칼륨 (KCl)	0.05g
CaCl2	0.06g
과당	0.06g
증류수	200ml

C	
염화나트륨 (NaCl)	1.60g
염화칼륨 (KCl)	0.20g
포도당	0.60g
증류수	200ml

· Hyes식 용액 (콘택트렌즈 세척용 제품 시판), 가열 시 90°C를 초과하지 말 것, PH 7.5, 압력 10파운드, 15분간 살균한다.

04 소독 및 살균법

① 실험실내공간 : 자외선 15분간 살균
② 실험대 : 75% 알코올로 닦아낸다
③ 고온에 약한 기구 : 120℃ 15파운드에 15분간 살균
④ 기타기기 : 75% 알코올로 소독
⑤ 플라스틱주사기, 바늘 : 매회마다 새것으로 교체하여 사용

05 정액의 채취방법

1. 수벌의 채집

(1) 수벌의 일령표시

· 종봉군에서 수벌 출방 12일 후의 성숙벌 흉부등판에 여러 가지 칼라매직 팬으로 점을 찍어 표시한다.

① 서로 다른 일령 수벌의 차이 식별
② 근친교배 계통육성 시에는 동일 품종, 서로 다른 봉군의 수벌을 구별하여 모자교배, 자매교배 등의 근계교 등을 쉽게 구별할 수 있다.
③ 수벌을 칼라매직 팬으로 표시할 경우 명확한 군계가 없어 쉽게 다른 봉군으로 날아갈 수 있기 때문에 표시하는 수량이 많아야 한다.
④ 칼라 점 표찰 표시에는 정상적인 생리 활동에 지장이 없도록 수벌의 두부나 날개에 달아서 꺾이지 않도록 주의하여야 한다

(2) 벌집 소초 내에서 성이 성숙한 수벌을 선택한다

· 근친 번식을 실시할 경우 한 봉장에서 한 품종만을 사육하는 경우에는 수벌을 표시할 필요가 없다.

① 성이 성숙한 수벌을 선택하기 전에 수벌의 성 성숙 벌들의 특징을 알아야 한다
② 성이 성숙한 수벌은 일반적으로 벌집, 격리판, 상자 벽, 격왕판에 집결하게 된다
③ 수벌 복부의 환절은 비교적 밀집수축되어 있어서 복부가 딴딴해 보이며 날개와 복부의 비례치가 미성숙 수벌보다 조금 크며 행동이 비교적 민첩함
④ 상자 내의 수벌을 선택할 경우 이와 같은 특징을 참고하여 수벌을 선택하면 성이 성숙된 수벌을 채집할 확률이 높아진다.

(3) 벌통문 주위에서 수벌잡기

① 화창한 날 집중적으로 비상활동하는 시간인 12~15시 사이가 좋다
② 귀소하는 수벌 중에 행동이 빠르고 복부가 통통한 것을 선택하는 것이 좋다

(4) 상자에 가두어서 사양한 경우 (10cm × 8cm × 3cm)

① 일벌은 격왕판으로 자유롭게 통과할수 있고 수벌에게 먹이를 공급해야 하며 한 칸의 우리에 25마리를 한 조로 한다.

② 한 우리에 25마리를 매 10개 사육 우리를 특별 제작한 소광 속에 넣고 12개 소광 이상 벌을 넣어 사육한다.

③ 충분한 먹이를 주어 성장 발육하도록 한다.

④ 금방 출방한 수벌을 케이지에 넣어 12일이 지나 성이 성숙되었을 때 임시 비상우리 (불빛 조건 60~100w)에 15~20분간 넣어 비상 배출시킨 후 정액을 채취한다.

<수벌집 조성>

<여왕벌 양성 왕접>

<처녀여왕벌 왕대 출방감금틀>

<그림16-4> 인공수정에 필요한 수벌준비작업

2. 수벌의 사정유도 방법

① 복부가 팽팽한 활력 있는 수놈을 왼손 엄지와 검지, 중지 손가락으로 수벌의 흉부에서 뒤쪽으로 힘을 가볍게 주어서 꼬리는 위로 향하게 한다. (성이 성숙된 수벌은 복부가 수축되며 더욱 탄탄하게 된다)

② 오른손 엄지손가락을 수벌 복부 1~3절에 놓고 왼손의 엄지, 검지와 함께 동시에 복부 말단을 향하여 압력을 가해서 복간 내부의 혈 림프로 하여금 내음경을 밖으로 밀어내어 음경이 서서히 밖으로 나오게 한다.

③ 맨 먼저 나오는 것은 양 음경기판 이며 그 다음 한 쌍의 뿔주머니와 우상돌기 그리고 마지막 나오는 부분이 양음경구 이다.

④ 사정은 양음경구의 끝의 구멍에서 연한 황갈색의 정액이 나오도록 서서히 골고루 힘을 주어 밀어낸다. (이때 파열되거나 튕겨 나오지 않도록 잘 조절한다.)

⑤ 만약 파열될 경우 정액이 체액에 혼입되어 수벌의 양음경을 꺼낼 때 오염될 수 있으므로 나온 양음경구와 정액이 수벌의 표면이나 손가락에 묻지 않도록 조심한다.

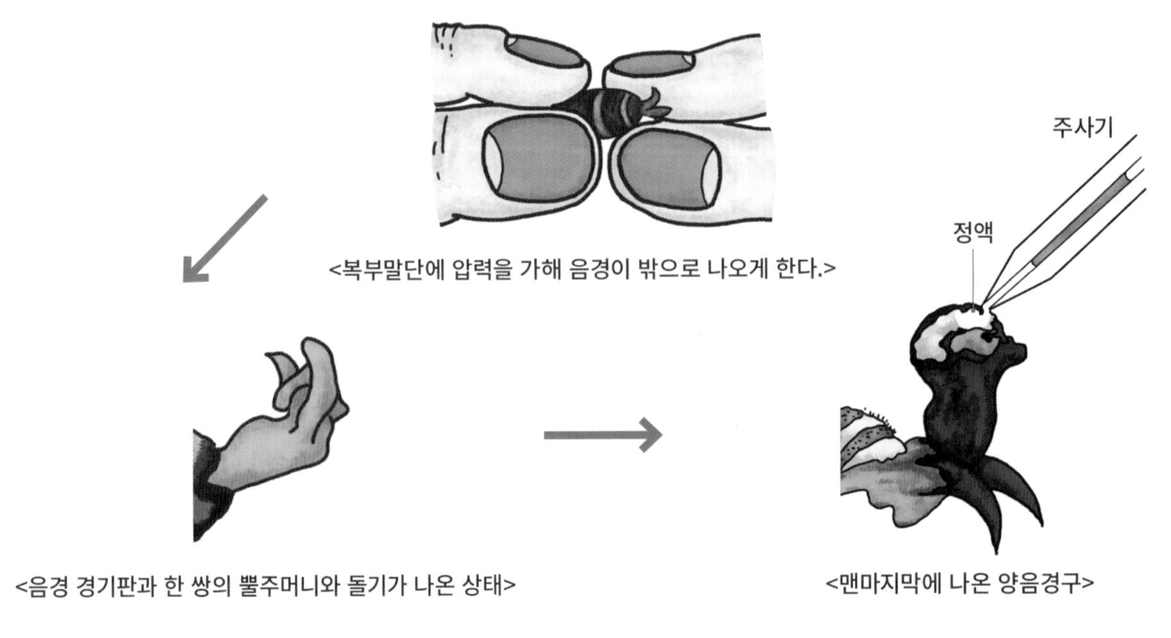

<그림16-5> 수벌정액 채취 과정

3. 정액채취

(1) 해부 현미경 하에서 주사기로 채취하는 방법

– 방법이 간편하고 즉시 채취하여 활력이 강할 뿐만 아니라 오염될 기회가 적어 효과적이다.

① 살균 주사기 및 바늘 – 정액희석액으로 3번 세척하고 H_2SO_4 스트렙트마이신 희석액을 가득 넣는다.

② 수정 주사기 고정 – 초점을 바늘 끝에 조정한다

③ 정액 대량흡입 주의 – 정액 채취 시 희석액과 정액 사이에 기포를 만들어 희석액이 대량 흡입되는 것을 방지하여야 한다. 단, 공기의 흡입량이 너무 많을 시에는 정액채취나 수정 과정에서 공기는 팽창 압축되어 정액 채취와 수정 시에 불편을 초래한다.

④ 정액채취 시 바늘 끝은 정액 표면에 밀착시켜서 (공기흡입 방지를 위해) 바늘 끝이 정액 깊숙이 들어가게 한 다음 흡입해야 공기나 정액의 흡입을 방지할 수 있다. 만약 점액이 흡입된다면 신속히 배출시켜야 한다.

⑤ 점액은 바늘 구멍을 막히게 할 뿐만 아니라 여왕벌의 측 수란관에 주사 시에 응고현상이 생길 수 있거나, 아니면 막혀서 정자가 저정낭에 들어갈 수 있으므로 사망을 초래할 수 있다.

⑥ 정액 채취가 끝난 후 바늘 속에 일정한 공기를 흡입하여 희석액으로 막혀서 정액이 응고되어 바늘이 막히는 것을 방지할 수 있다.

⑦ 수벌의 정액은 1.5~1.7㎕ 정도되나 실질적으로는 1㎕만 채취가 가능하다.

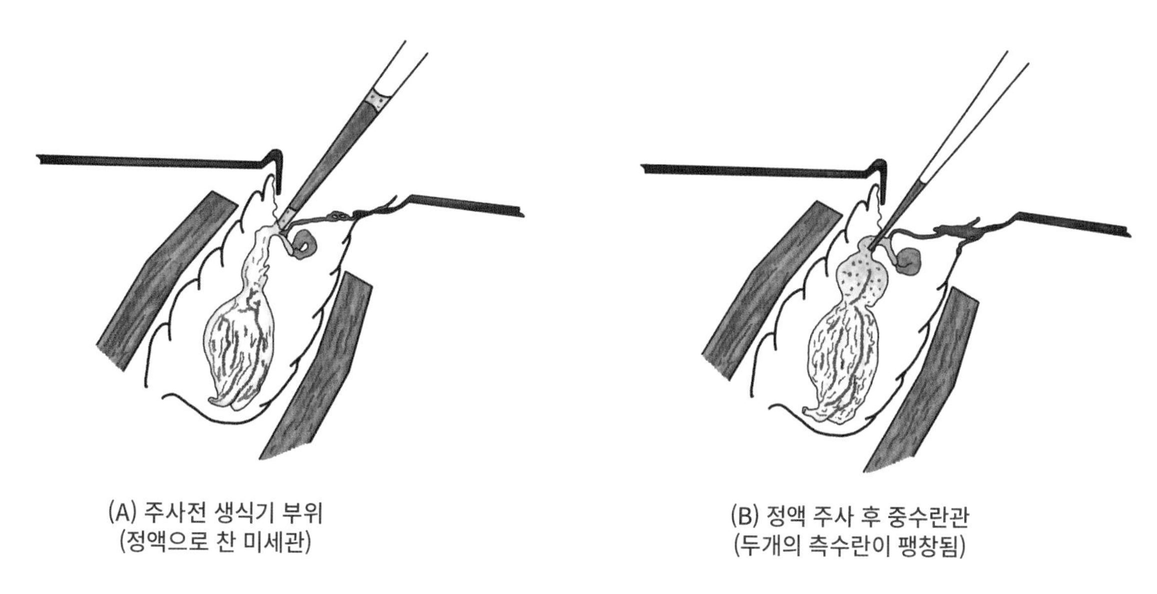

(A) 주사전 생식기 부위
(정액으로 찬 미세관)

(B) 정액 주사 후 중수란관
(두개의 측수란이 팽창됨)

<그림16-6> 여왕벌의 고정 튜브

(2) 정액채취기를 이용한 방법

① 정액채취기

- 정액채취관 : 지름 = 4mm, 내경 = 1.8mm, 끝부분 = 막힘
- 유리깔대기 : 길이 = 73mm, 지름(외부) = 10mm, 내경 = 8mm
- 합성연결관 : 길이 = 15mm, 외경 = 4mm, 내경 = 2.5mm

② 채취방법

가) 정액채취기를 고정 지지대에 수직으로 고정하고 채집관 내 좌우에 정액 희석액을 1/10정도 넣는다.

나) 소독한 막대기로 수벌의 정액과 점액을 희석액 속에서 긁어낸다.

다) 한번에 수십 마리의 수벌 정액 채취가 가능하다.

라) 희석액 속에 충분한 정액이 채취되었을 때 채집기를 원심분리기의 튜브 속에 넣고 2,500rpm에서 10분간 분리하여 채취한다.

마) 원심분리 후에는 희석액이 정액 위에 그리고 정액은 중간부분에 뜨는데 튜브의 밑부분에 남게 된다.

바) 원심분리 후에는 칼로 합성관을 잘라서 채집관과 깔때기를 분리시킨다.

사) 당일 날 여왕벌에게 수정을 실시할 경우에는 밑부분의 밀폐된 부분을 칼로 베어내고 주사기로 정액을 채취한다.

아) 원심 분리 후 상온 하에서 2일 이상 저장 하려면 채집관의 밀폐된 면을 알코올에서 녹여서 봉하여야 한다.

4. 정자의 활력검사

(1) 정자채취 후 즉시에 수정을 실시할 경우 : 활력이 강하고 오염될 가능성이 낮다

(2) 만일 저장 하였다가 다시 수정할 시 : 사전에 활력을 검사하여야 한다.

① 정액 1㎕을 오목슬라이드 유리판에 넣고 희석액으로 20배가 되도록 한 후 커버글라스를 덮고 실온(27~30℃)에서 400배 하에서 검경 관찰한다.

② 정자가 원주 혹은 직선으로 쾌속운동을 할 경우는 수정을 실시할 수 있다.

③ 만약 정자가 직선으로 완만하게 움직일 경우는 약 60% 이상이면 쓸모가 없어진다. 즉 사용이 불가하다.

06 수정조작 실시

1. 수정 적합 처녀여왕벌의 선택

(1) 외관상 조건 : 몸무게가 무겁고, 복부는 가늘고 행동이 원활할 것

(2) 나이 조건

① 소핵군에 넣어 격왕판으로 격리시킬 경우 : 8~10일령

② 여왕벌 케이지에 넣어 격리시킬 경우 : 10~13일령

수정작업이 너무 이른 경우	수정작업이 너무 늦은 경우
· 처녀여왕벌의 성의 성숙이 불완전한 상태 ① 정자가 여왕벌의 저장낭에 전이되는 시간이 길어져 수정된 여왕벌은 산란이 되지 않는다. ② 수정관 내에서 변질되며 여왕벌의 사망을 초래할 수 있다.	· 여왕벌이 핵군과 여왕벌 케이지에 있는 시간이 비교적 길어져 효율이 떨어진다.

③ 가장 적합한 시기 : 8~10일령

· 인공수정 소핵군 속이나 광식왕롱 속에 가두어 놓는다.

· 처녀여왕벌이 출방 후에 직면한 환경조건이 다르므로 성의 성숙도의 차이가 생긴다.

· 여왕벌 출방 하루 전에 핵군에 유인하여 소문에 격왕판을 설치하여 가두어 놓으면 처녀여왕벌은 교미군에 유인한 여왕벌과 일령이 같아진다.

2. 처녀여왕벌의 마취방법

① 여왕벌을 고정관의 마취실에 넣고 수정기의 밑판 고정 집게에 안장시킴

② CO_2가스통 밸브를 열고 세척병에서 CO_2유입량을 밸브를 1분에 300개의 기포가 나가도록 조절한다.

③ 마취시간은 30초 내외

④ 여왕벌이 혼미상태가 된 후 마취제거

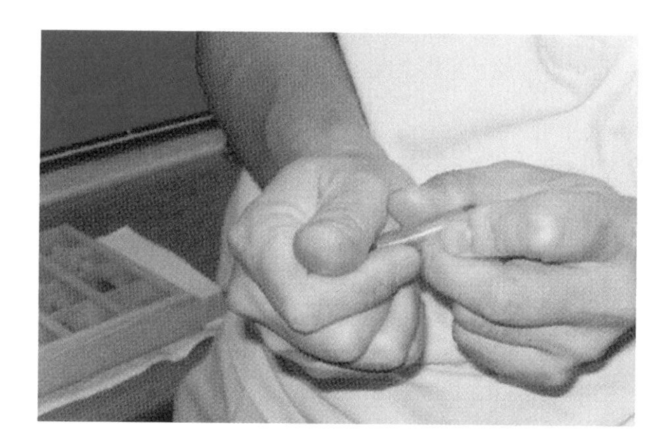

<그림16-7> 여왕벌 마취 방법

3. 수정작업

(1) 기본작업

① 바른 자세로 정신을 집중하여 갈고리와 바늘 사용 시 여왕벌에 손상이 생기지 않도록 한다.

② 현미경과 수정기의 각부분과 접안렌즈 조작이 두 손에 익숙해지도록 한다.

③ 수정작업은 마취작업부터 수정 완료 시까지 5분 이내에 끝내도록 한다.(숙련자는 약 30초 소요)

④ 여왕벌의 복부를 개복할 경우 질이 마르기 전에 최대한 빨리 바늘을 주사하여 주입이 힘들거나 오염이 되지 않도록 한다.

(2) 배, 복부 열기

① 여왕벌의 마취와 동시에 현미경의 초점을 정확히 조절한다.

② 조절대를 이동하여 복부의 갈고리로 배의 복판을 건다.

③ 탐지 바늘로 등갈고리가 등판을 걸게 함과 동시에 배복부 조절대를 움직여서 배등판 사이의 거리가 3~4mm가 되도록 한다.

④ 초점을 조절하여 등갈고리 조절대를 이동하여 등판 갈고리의 머리부분 즉 "팽창된 부분이" 여왕벌의 침 끝부분 위에 닫게 하여 기부의 삼각 틈새에 삽입하도록 한다.

⑤ 등판 갈고리가 삽입된 다음 다시 등복부갈고리 조절대를 조정하여 등복판 사이의 거리가 5~6mm 되도록 한다.

(3) 침의 주사

① 여왕벌의 등 복판을 연 후 여왕벌의 각도를 여왕벌의 종축선과 주사기의 종축이 평행이 되도록 하며 종축선과 수직선의 각도는 32도가 되도록 한다.

② 초점을 교미강 쪽으로 조절하고 교미강 가운데 침의 끝 부분의 가까운 곳에 있는 부분의 구멍이 질구이다.

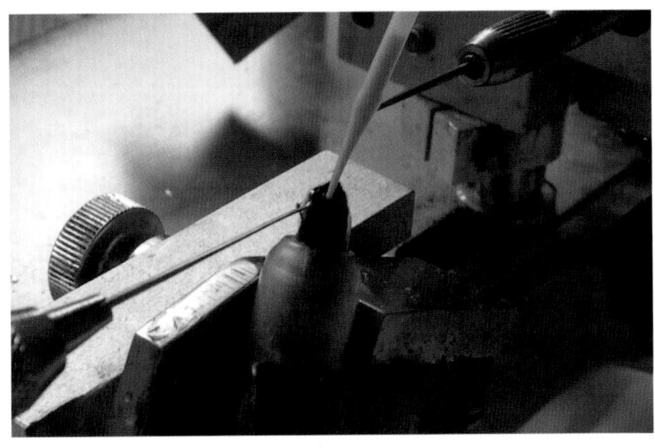

<그림16-8> 미세주사기를 이용한 채취정액을 여왕벌 질내에 주입

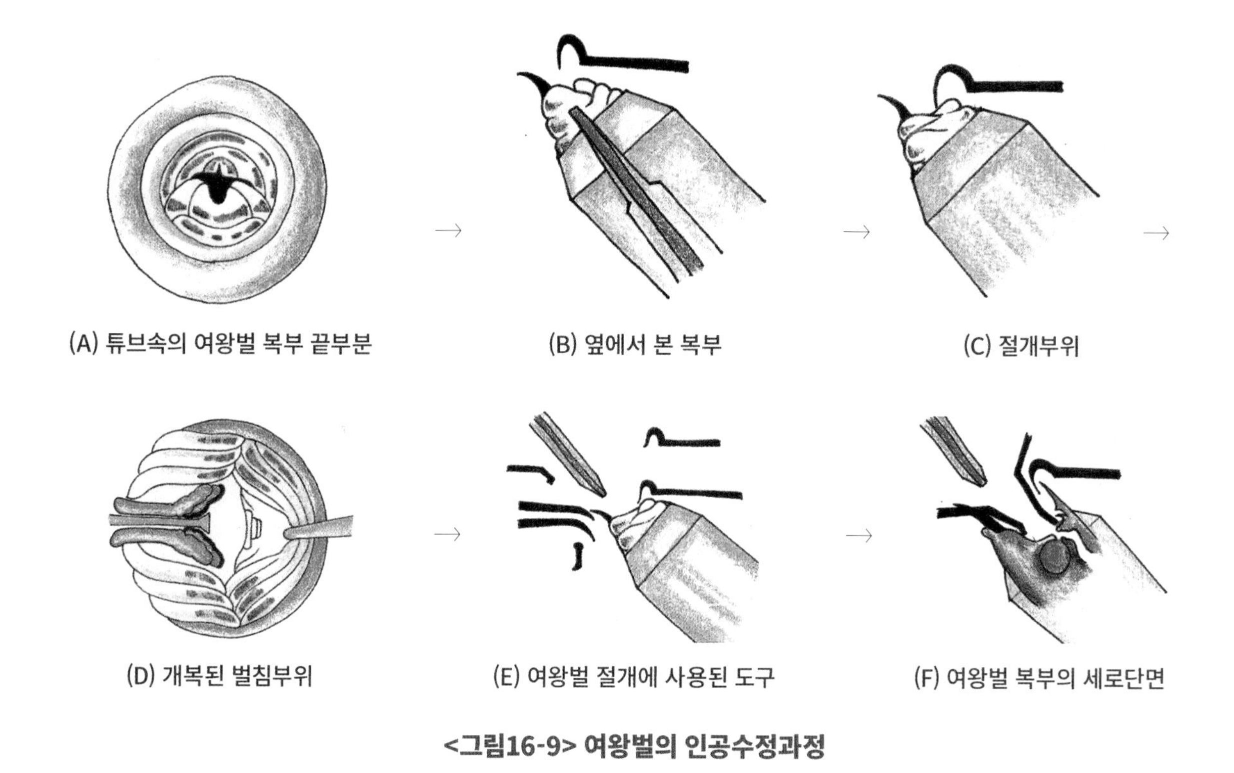

<그림16-9> 여왕벌의 인공수정과정

③ 질구를 찾아 주사기를 이동하여 바늘 끝 부분의 보호액과 기포를 빼내고 종축 궤도를 조절하여 바늘 끝 부분이 질구에 닿게 한다.

④ 탐색침을 질속에 삽입하여 여왕벌의 복부에 접근시켜 탐지침으로 질의 돌기를 눌러서 질구를 확장시킨다.

⑤ 종축 궤도를 조절하여 바늘을 탐지바늘의 등쪽을 향하여 질 쪽으로 천천히 밀어 넣어 중 수란관에 도착한 후에 탐지침을 꺼내서 탐지침의 길이가 1.8mm일때 바늘이 들어가게 한다

⑥ 이 때에 약간의 마찰력을 받게 되면서 질구가 아래쪽으로 꺼지는 느낌이 느껴질 때 정지하고 바늘을 뒤로 빼서 정액을 주사하여야 한다.

⑦ 1차 수정 : 보통 8㎕의 정액을 주사한다.

⑧ 2차 수정 : 매번 4~5㎕의 정액을 주사한다.

⑨ 1차 수정과 2차 수정은 24~48시간 간격으로 실시한다.

⑩ 정액주사 중단 후 10~15초가 지난 후에 바늘을 꺼낸다.

⑪ 마취 실을 분리시키고 조심스럽게 여왕벌을 꺼내고 등에 표식을 한 후 깨어난 다음에 원핵군으로 돌려보낸다.

(4) 수정결과에 대한 해부관찰 검증법

① 여왕벌의 흉부를 해부 가위로 절단하여 밀랍판 위에 핀으로 고정시킨다.

② 해부가위로 날개와 발을 잘라낸다.
③ 가위의 끝은 위로 향하게 하여 내장에 손상이 가지 않도록 여왕벌 등판의 중앙선을 따라 제6체절부터 제1체절까지 절단 하면서 제1체절에서 양 옆으로 가서 각각 베어내고 말단 등판을 앞에서 뒤로 잘라 낸다.
④ 잘라낸 등판을 밀랍판에 6개의 핀으로 고정시키고 끝이 뾰족한 집게로 꿀 주머니, 장, 독샘선을 꺼낸다.
⑤ 현미경의 초점을 두 개의 측수란관에 집중했을 때 정액이 균일하게 꽉 차있게 되면 둥근 공 모양이 관찰될 경우 성공된 경우이다.
⑥ 만약 두 개의 측수란관의 팽창상태의 크기가 다를 경우는 바늘의 핀이 너무 깊게 들어갔거나 아니면 한쪽의 수란관에만 정액이 들어갔기 때문이다.
⑦ 또한 측수란관이 가는 실 모양이거나, 소량의 정액 또는 기포가 관찰될 경우는 수정이 완전히 실패한 경우이다.

07 수정된 후의 여왕벌의 관리

1. 기본원칙

수정된 후에 산란이 시작될 때까지의 관리로서 여왕벌은 본능적으로 벌통 밖으로 나가서 자연적인 교미활동을 하려고 하므로 적절한 관리를 하여 방지하여야 한다.

2. 자연교미의 예방 (*날개를 자르거나 소문을 막는 방법)

① 여왕벌이 교미하려는 충동이 완전히 소실되지 않는 한, 날개를 자르더라도 여왕벌은 벌통에서부터 나와서 교미를 하려는 욕구는 있으나 날개가 없으므로 지면에서 뜀박질만 할 뿐 다시 귀소하지 못한다. 따라서 날개를 자르는 방법은 추천하지 않는 경향이다.
② 날개를 절단할 경우 미관상 뿐만 아니라 산란 행위에도 영향을 준다. 따라서 여왕벌이 출방 후에 교미의 욕구가 없다고 하더라도 대다수 소핵군의 벌집문어구에 격왕판이나 탈분편을 설치하여 여왕벌이 벌통 밖으로 나가는 것을 방지할 수 있다.

3. 왕롱틀을 사용하여 산란을 관찰한다

① 인공수정을 한 여왕벌이 일생 동안 벌통 밖으로 나가지 않는 특성을 이용하여 인공수정 후에 왕롱틀에 가두어서 수정결과를 관찰할 수 있다.
② 관찰 왕롱틀의 길이와 넓이는 벌집틀의 크기와 같고 두께는 60mm로 하고 각각의 틀은 10개의 작은 방으로 만든다.
③ 한 면은 얇은 판으로 막고, 안에 벌집을 넣어 여왕벌이 산란하도록 유도하고 다른 한 면의 각각의 작은 방에 격왕 쪽문을 설치하여 일벌들이 자유롭게 다니게 하고 여왕벌을 잡을 수 있게 한다.
④ 관찰 왕롱틀은 반드시 어린 무여왕벌의 새로운 조직에 넣어야 하며 만약 벌집 내에의 온도를 30~35℃

로 유지할 수 있다면 5장벌 유충벌에 무여왕 벌군에 20마리의 인공 수정벌을 놓을 수 있다.
⑤ 무여왕 벌군에는 어린 벌의 수가 많으므로 일벌은 자유롭게 여왕벌을 사육 할 수 있다.
⑥ 정자가 여왕벌의 저장낭 속으로 전이 되는데 좋으며 수정 후 2~5일 지나면 산란할 수 있다.

4. 정액전이에 영향을 주는 요인

여왕벌의 측수란관에 정액 주사 후 여왕벌의 저장낭 주머니 속으로 전이되는 속도나 정자가 저장낭에 들어가는 양이 많거나 적을 경우 수정 여왕벌의 산란에 직접적인 영향을 준다.
① 수정 후에 여왕벌을 즉시 핵군에 넣어야 먹이를 빨리 섭취할수록 정자의 전이가 빠르고 여왕벌의 저장낭에 전이된 정자의 수량이 많아진다

- 만약 여왕벌에 8㎕의 정액을 주사하면 저장낭에 전이된 정자의 수는 약 5백만 개가 된다.
- 만약 수정 여왕벌을 일벌이 없는 왕롱 내에 넣게 되면 여왕벌 저장낭에 전이된 정자의 수는 약 3백만 개 정도 된다.

② 온도는 정자의 전이를 제한하는 주요 요인의 하나로서 여왕벌이 수정 후 벌통 내의 온도가 30℃ 이상의 핵군과 20℃ 이하의 핵군에 넣었을 때 전자의 전이 속도가 후자보다 배 이상 빠르다. 그러므로 밖의 기온이 비교적 낮은 상태에서는 인공수정 여왕벌은 벌의 수가 적고 벌집 내의 온도 유지 능력이 낮은 소핵군에 넣는 것은 적합하지 않다.
③ 1차 수정 시 8㎕ 주입된 여왕벌과 2차 수정시 8㎕ 주입된 (1회 4㎕) 여왕벌을 비교했을 때 두 번 수정한 여왕벌은 정자의 전이가 비교적 빠르고 한번 수정한 여왕벌의 정자의 전이 속도는 비교적 늦게 된다. 두번 수정한 여왕벌은 한 번 수정한 여왕벌보다 산란이 3~5일 빨라진다.
④ 정액의 질량은 정자의 전이에 직접적인 영향을 주며 점액이 섞인 정액이나 활력이 낮은 정액 그리고 정자밀도가 좀 낮은 정액 등은 모두 정자가 여왕벌의 저장낭 속으로 이동하는 양에 영향을 주게 되며 따라서 여왕벌의 산란시기를 지연시키게 된다.
⑤ 한번에 8㎕의 정액을 주입한 여왕벌은 다음날 다시 CO_2가스로 5~10분간 마취시키면 수정여왕벌이 신속히 산란토록 촉진시키게 된다.
⑥ 몸체가 크고 일령이 적합한 여왕벌을 선택하여 인공수정을 실시할 경우 수정조작이 쉽고, 수정 후에는 여왕벌의 산란이 비교적 빨라진다.

08 수정 기술의 다양성

1. 한 마리 수벌 수정

한 마리의 수벌 정액으로 여왕벌에게 인공수정을 실시하는 방법을 한 마리 수벌수정이라고 한다. 수벌은 단수체로서 정자형성 시에 감수분열을 하지 않기 때문에 여전히 16개의 염색체이며 한 마리의 수벌이 생산하는 정자는 유적적으로 일치한다. 한 마리의 수벌로 수정한 여왕벌이 생산한 암벌 (일벌 또는 여왕벌)의 후대는 여러 수벌이 수정한 여왕벌보다 혈연관계가 더욱 가깝게 된다.

[조작방법] ① 정액 채취 전 바늘에 생리식염수를 가득 넣고 먼저 바늘에 작은 기포를 흡입한 다음 항균물질을 함유한 생리식염수를 1~2μℓ를 흡입하고 맨 나중에 수벌의 정액을 흡입한다.
② 수정 시에 정액과 기포 앞의 생리식염수를 함께 여왕벌의 촉수란관에 주입하고 다음날 한 마리 수벌로 수정한 여왕벌을 또 다시 10분간 마취시킨다.

2. 한 마리 수벌로 여러 마리의 여왕벌 수정

① 한 마리의 수벌 정액으로 여러 마리의 여왕벌에 인공수정을 실시하는 방법을 즉 단웅다왕 수정법이라 한다.
② 한 마리의 수벌의 정액을 희석한 후에 각각 같은 연령대의 여러 여왕벌에게 수정시키는 방법이다. 이 경우 어린 여왕벌의 후대 일벌 가운데 이 여왕벌의 근친관계를 관찰할 수 있다.
③ 한 수벌의 정액으로 자신의 딸, 손녀, 증손녀에게 연속적으로 수정을 실시한다. 즉, 이 방법은 각 세대의 간격 시간이 단축되고 동시에 유전이 부계와 아주 비슷한 후대를 얻을 수 있다.

3. 자체수정

① 처녀여왕벌이 성이 성숙된 후 CO_2가스로 매일 10분씩 3일 동안 마취시키고 수벌 핵군에 유입하여 미수정란을 산란하게 한다.
② 미 수정란은 핵군 가운데 일벌이 수벌로 발육되고 수벌이 출방 8일경에 이 여왕벌을 가두어서 산란을 억제하게 되면 이로 인하여 여왕벌의 질 속이 비어 있고 수벌의 이성이 성숙된 후에야 정액 채취를 실시하게 된다.
③ 이 여왕벌이 생산한 수벌의 정액으로 자체에서 수정이 진행되게 된다.

4. 체색표시 수정

① 순수종 꿀벌의 체색은 크게 흑색종과 황색으로 나눌 수 있다.
② 체색의 차이가 비교적 뚜렷하고 두 가지 체색의 꿀벌의 교잡이 이루어졌을 경우 그 후대에 암벌의 체색과 순종친본 사이에 큰 차이가 생기게 된다.
③ 이와 같은 특이점을 이용하여 꿀벌의 순계보전 계획에 응용할 수 있다.

④ 꿀벌의 순계를 보존할 때 순계 게놈이 고도로 순화되어 생식력과 생활력에서 모두 비교적 낮게 나타나며 단순히 자체 번식에 의해서 생존하기는 어렵다.
⑤ 순계를 보존하기 위해서는 이와 같은 상태에서 꿀벌의 체색의 차이를 이용하여 인공수정을 실시하는 방법이다.

[방법] ① 우선 순계 수벌의 정액을 3㎕ 채취한 다음 순계체색과 현저한 차이가 있는 수벌의 정액을 6㎕을 채취하여 수정한 후의 여왕벌의 저장낭 내에는 1/3은 본계의 정자이며 2/3은 현저한 차이가 있는 수벌의 정자이다.
② 이와 같이 형성된 봉군 가운데 여왕벌과 수벌은 모두 순계이며 일벌은 1/3이 순계, 체색에는 차이가 없고, 일벌의 2/3은 교잡종이며 체색은 현저한 차이가 나타나게 된다.
③ 이와 같은 봉군에서 일벌의 혈통은 2/3가 교잡종이며, 잡종강세를 이용하여 꿀벌의 순계를 보존 할 수 있다.
④ 이와 같은 방법으로 순계를 보존하려면 다음 세대를 육성 시에 수량을 많이 이충시켜서 여왕을 양성해야 선택이 유리하다.
⑤ 처녀 여왕벌이 출방 후 순계체색과 일치한 여왕벌을 선택하여 원순계의 수벌과 수정을 시키면 그대로 순계를 얻을 수 있으며 또한 동일한 방법을 사용하여 계속 보존을 유지할 수 있다.

PART 17

꿀벌과 양봉

양봉산업 관련 자료

PART

17

양봉산업 관련 자료

01 세계 여러 나라의 양봉산업 현황

<표17-1> 세계 여러 나라의 국토면적 및 농업인구당 사양 봉군수

	국가	면적당(km²)		국가	농업인구수당(통)
1	한국	21.1	1	슬로베니아	2.4
2	슬로베니아	10.4	2	뉴질랜드	1.0
3	터키	6.4	3	캐나다	0.8
4	헝가리	6.3	4	체코	0.7
5	체코	6.1	5	한국	0.6
6	스위스	5.0	6	헝가리	0.5
7	독일	2.6	7	스위스	0.5
8	뉴질랜드	1.2	8	독일	0.5
9	중국	0.8	9	미국	0.4
10	베트남	0.5	10	호주	0.4
11	일본	0.5	11	터키	0.1
12	미국	0.3	12	브라질	0.03
13	캐나다	0.06	13	일본	0.05
14	호주	0.05	14	중국	0.008
15	브라질	0.01	15	베트남	0.003

<2005. 장>

<표17-2> 세계 주요국가의 사육벌통 군수

국가	벌통군수	비율 (%)
1 인도	10,600.0	13.6
2 중국	8,947.7	11.4
3 터키	6,011.3	7.7
4 에티오피아	5,130.3	6.6
5 이란	3,500.0	4.5
6 러시아	3,019.3	3.9
7 아르헨티나	2,970.0	3.8
8 탄자니아	2,700.0	3.5
9 캐냐	2,510.0	3.2
10 미국	2,491.0	3.2
11 스페인	2,420.0	3.1
12 맥시코	1,847.7	2.4
13 한국	1,697.9	2.2

· **상위 13개국 69.1% / 전세계 78.202 천** <2005. 장>

<표17-3> 세계 주요국가의 벌꿀 생산량

국가	생산량 (톤)	비율 (%)	국가	생산량 (톤)	비율 (%)
1 중국	446,089	27.3	9 에티오피아	53,000	3.3
2 터키	94,245	5.8	10 이란	47,000	2.9
3 우크라이나	70,300	4.3	11 브라질	41,578	2.5
4 미국	67,000	4.1	12 캐나다	25,520	2.2
5 러시아	60,000	3.7	13 탄자니아	34,100	2.1
6 인도	60,000	3.7	14 스페인	34,000	2.1
7 아르헨티나	59,000	3.6	15 독일	25,831	1.6
8 멕시코	57,783	3.5	18 한국	24,000	1.5

· **2.0% 이상 14개 국가 71.1% / 전세계 1,636,399 톤** <2011. FAO>

02 우리나라의 양봉산업 현황

<표17-4> 세계 주요국가의 벌꿀 생산량

년대	사양군수 (천)	호수	호당사양군수	동양종 / 서양종	이동 / 고정
1960	115	39,575	2.9	51/49	17/83
1970	129	25,814	5.0	-	-
1980	245	30,873	7.9	-	30/70
1990	527	45,382	11.6	37/63	23/77
2000	1,240	40,774	30.4	20/80	45/55
2010	1,697	25,040	67.8	10/90	58/42

(2011) ·**호당 사양벌통수 (2012) : 87.6군 / 군 이상 사양 : 1,500농가(한국양봉협회)**

03 양봉학술 발표회 및 양봉대회 개최

<표17-5> 세계양봉대회 (APIMONDIA) 개최

회 차	개최연도	도 시	국 가	참가국수(인원)
1	1897	Brussel	Belgium	- (636)
2	1900	Paris	France	16 (266)
3	1902	S.Hertogenbosh	Netherland	7 (?)
4	1910	Brussel	Belgium	- (60)
5	1911	Torino	Italy	8 (?)
6	1922	Marseille	France	9 (118)
7	1924	Quebec	Canada	- (900)
8	1928	Torino	Italy	10 (223)
9	1932	Paris	France	- -
10	1935	Brussel	Belgium	23 (95)
11	1937	Paris	France	- -
12	1939	Zurich	Switzerland	22 (280)
13	1949	Amsterdam	Netherland	21 (308)
14	1951	Lemington spa	UK	21 (500)
15	1954	Copenhagen	Denmark	33 (750)
16	1956	Vienna	Austria	35 (700)

17	1958	Rome	Italy	24 (800)
18	1961	Madrid	Spain	33 (1,000)
19	1963	Prague	Czechoslovakia	48 (2,000)
20	1965	Bucharest	Romania	91 (1,400)
21	1967	Maryland	USA	48 (1,441)
22	1969	Munich	Germany(FRG)	45 (2,208)
23	1971	Moscow	Russia(USSR)	48 (1,071)
24	1973	Buenos Aires	Argentina	55 (1,500)
25	1975	Grenoble	France	46 (981)
26	1977	Adelaide	Austria	55 (2,178)
27	1979	Athens	Greece	55 (1,667)
28	1981	Acapulco	Mexico	45 (4,000)
29	1983	Budapest	Hungary	53 (2,129)
30	1985	Nagoya	Japan	45 (4,000)
31	1987	Warsaw	Poland	53 (2,129)
32	1989	Rio de Janeiro	Brazil	? (3,100)
33	1993	Beijing	China	? (3,500)
34	1995	Lausanne	Switzerland	? (4,800)
35	1997	Antwerp	Belgium	? (9,200)
36	1999	Vancouver	Canada	? (6,500)
37	2001	Durban	South Africa	? (8,000)
38	2003	Yuliana	Slovenia	
39	2005	Dublin	Ireland	
40	2007	Melbourne	Australia	
41	2009	Montpellier	France	
42	2011	Buenos Aires	Argentina	
43	2013	Kiev	Ukraine	
44	2015	Daejeon	South Korea	
45	2017	Istanbul	Turkey	

<표17-6> APIMONDIA 대륙별, 국가별 개최횟수 및 연도

대륙 (횟수)	개최횟수	국가 (개최연도)		국가수
유럽 (31)	6	France	(2)1900, (6)1922 (9)1932, (11)1937	19
	4		(25)1975, (41)2009	
	3	Belgium	(1)1887, (4)1910	
	2		(10)1935, (35)1997	
	2	Italy	(5)1911, (8)1928	
	1		(17)1958	
	1	Netherland	(3)1902, (13)1949	
	1	Switzerland	(12)1939, (34)1995	
	1	UK	(14)1951	
	1	Denmark	(15)1954	
	1	Austria	(17)1958	
	1	Spain	(18)1961	
	1	Czechoslovakia	(19)1963	
	1	Romania	(20)1965	
	1	Germany	(22)1969	
	1	Russia	(23)1971	
	1	Greece	(27)1979	
	1	Hungary	(29)1983	
	1	Poland	(31)1987	
		Slovenia	(38)2003	
		Ireland	(39)2005	
		Ukraine	(43)2013	
북미 (4)	2	Canada	(7)1924, (36)1999	3
	1	USA	(21)1967	
	1	Mexico	(28)1981	
남미 (3)	2	Argentina	(24)1973, (42)2011	2
	1	Brazil	(32)1989	
대양주 (2)	2	Australia	(26)1977, (40)2007	1

대륙 (횟수)	개최횟수	국가 (개최연도)		국가수
아시아 (4)	1	Japan	(30)1985	4
	1	China	(33)1993	
	1	Korea	(44)2015	
	1	Turkey	(45)2017	
아프리카 (1)	1	South Africa	(37)2001	1
계	45회	30개국		30개국

<표17-7> 아시아양봉대회 / 학회 / AAA 개최지

회차	개최연도	국가	도시	비고
1	1992	태국	방콕	
2	1994	인도네시아	족자카르타	
3	1996	베트남	하노이	
4	1998	네팔	카트만두	
5	2000	태국	치앙마이	
6	2002	인도	방갈로	
7	2004	필리핀	로스바뇨스	
8	2006	호주	퍼스	
9	2008	중국	북경	
10	2010	한국	부산	
11	2012	말레이시아	콸라트랭카누	
12	2014	터키	안탈리아	
13	2016	사우디아라비아	젯다	

참고문헌

김재길 등. 1989. 벌꿀. 로얄제리 중의 유기산 분석. 한국양봉학회지.
김정환 등. 1992. 화분하의 성분조성에 관한 연구. 한국양봉학회지. 21(5)
김희성, 정년기. 2015 프로폴리스 면역혁명. 모아북스.
농림수산부. 1994. 질병 진단 방법 및 예방약 지침. (I, II)
류장발 등. 2007. 나무가 쓴 한국의 밀원식물. 퍼지컵 미디어.
류장발, 정헌관. 2005. 한국의 밀원식물. 한국양봉협회.
박연기. 2007. 국내 농약의 꿀벌 위해성 평가방법. 농과원(농진청).
농약독성 연구회자료집.
박호용 등. 2000, 2001. 한국의 화분 (I II). 한국생명공학연구원.
백형수. 2000. 밀분원식물. 최신양봉경영 (한국양봉과학연구소).
성은찬. 1981. 화분단 이야기. 전농기술자협회 출판부.
윤형주, 이만영 등. 2008. 곤충의 인공수정법. 농진청.
이경준. 1998. 한국 198종 목본식물을 대상으로 한 주요 및
보조밀원수종과 화분원수종으로의 개화기별 자원 분포. 한국양봉학회지.
조도행. 1996. 양봉사계절 관리법. 오성출판사.
최승윤. 1987. 꿀벌의 농약 피해에 관한 설문조사. 한국양봉학회지.
최승윤. 1990. 신제 양봉학. 집현사
최승윤. 1994. 양봉꿀벌과 벌통. 오성출판사.
한상미 등. 2013. 봉독의 대량 정재 방법 (특허 10-2013-0080217).
홍인표 등. 2012. 꿀벌이 좋와하는 꽃. 농과원(농진청).

Akratanakul. 1987. Honeybee disease and enemies in Asia: a practical guide. FAO AS bulletin.
Alaux C 등. 2010. Diet effects on honeybee. Immunocompetence Biological let.
Bailley, L., B.V. Ball. 1991. Honeybee pathology. Academic press.
Beena, K. 등. 2003. Monitoring of pesticide contamination in honey. Korean J. Apiculture.
Bogdanov, S. 2012. Royal jelly, bee brood: composition. Health medicine; A review.
Cailas, A. 1978. Propolis. Apimondia. Bucharest.
Chen, S. 2001. The apicultural science in China. Chinese Agr. Pub. Co.
Coggshall, Morse. 1984. Beeswax: Production, harvesting, processing and products, Wicwas press.
Dade. H. A. 2009. Anatomy and dissection of the honeybee. IBRA.
Davis, Celia. F. 2004. The honeybee: inside out. Beecroft Ltd.
Devillers, J. 2014. In silico bees. CRC press.
Dieteman, V. 등. 2013. Coloss Book. Vol II. Standard methods for *A. mellifera* pest and pathogen research. IBRA.
Eigil Holm, 1986. Artificial insemination of the green bee: a manual of use of swienty's insemination apparatus. Denmark.
Eva Crane. 1990. Bees and beekeeping: science, practice and world resources. Heinemann newness pub. Ltd.
Faegil, K & J. Inversen. 1989. Textbook of pollen analysis. John Wiley & Sons.

Fearly, J. 2001. Bee propolis: Natural healing from the hive. Souvenir press.
FERA. 2015. Apiary and hive hygiene. (Healthy bee plan). The food & Envir. Res. Agency.
Fert, G. 1997. Breeding queens: production of package bees, introductions to instrumental insemination. OPIDA.
Free, J. B. 1993. Insects pollination of crops (2nd ed). Academic press.
G. Ricciardelli Dalbore. 1997. Textbook of melissoplaynology. Apimondia pub. house. Bucharest.
Goodman, L. 2003. Form and function in the honeybee. IBRA.
Graham, J. M 등. The hive and the honeybee. Dadant & Sons.
Greenaway 등. 1990. The composition and plant origins of propolis. Bee world.
Gritsch, H. 2007. No fear of bees. Sadecki Bartnik.
Hachiro, D. 2000. Diagnosis of honeybee diseases. USDA Agr. Handbook. No. AH 690,61.
Havsteen, B. 1983. Propolis: Natural energizer, miracle healer from the bee hive. Keat publishing Inc.
Hepburn, 1986. Honeybees and wax. Spring-Verlag.
Jacob Kaal. 1991. Natural medicine from honeybee (Apitherapy). Kaal's printing house.
Johansen, Carl A., Daniel F. Mayer. 1990. Pollinator protection: a bee and pesticide handbook. Wicwas Press.
Kim, M H. 1990. Bee venom therapy and bee acupuncture therapy.
Laid Boukraa. 2014. Honey in traditional and modern medicine. CRC Press.
Lavinia Loana Barmutiu 등. 2011. Chemical composition and antimicrobial activity of royal jelly. Animal Sci. & Biotechnologies.
Matheson, A., N.L.Carreck.2014. Forage for pollinators in an agricultural landscape. IBRA.
Matsuno, Tetsuya. 1992. Isolation of the tumonocidal substances from Brazilian propolis. Honeybee science.
Michel Gommet 등. 1997. The taste of honey. Apimondia Pub. House. Bucharest.
Mihaly Simics. 1994. Bee venom: exploring the healing power. Apitronic publishing.
Mizrashi, Lensky. 1997. Bee products: Properties, applications, and apitherapy. Plenum press.
Morse & Flottum. 1997. Honeybee pests. Predators, and diseases (3rd ed). Root Pub. co.
Nestor Urtubey. 2005. Apitoxin: from bee venom to apitoxin for medical use. Argentina.
Oliver, R. 2010. The bee immune system. American Bee Journal.
Proctor, Yeo, Lack, 1996. The natural history of pollination. Hayser Collins Publishers.
Riches, H. 2000. Medical aspects of beekeeping.
Rinderer, T. E. 1986. Bee genetics and breeding. Academic press.
Rutter, F. 1983. Queen rearing, biological basis and technical instruction. Apimondia monograph. Apimondia pub. house.
Ruttner, F. 1988. Biogeography and taxonomy of hymenoptera. Spring-Verlag.
Ruttner. 1998. Breeding techniques and selection for breeding of the honeybee. The British isles bee breeders association.
Sammatoro, D 등. 2012. Honeybee colony health, challenges and sustainable solutions. CRC press.
Seeley, T. D. 1985. Honeybee ecology: Study of adaptation in social life. Princeton Univ. Press.
Shuel, R. 등. 1986. An artificial diet for laboratory rearing of honeybee. J. Apicultural research.
Simferopal. 2013. Beekeeping, apitherapy and fitotherapy in human hands. Processing's of the conference. Apimondia.
Sommerijer, Ruijter. 2000. Insect pollination in greenhouse. CIP-DATA Koninklijke Bibliotheek, Den Hagg.
Stahlman, D. T. 2004. Beekeeping made easy pest/disease program. Pest Control. Htm.
Susan w, cobey 등 2013, standard methods for instrumental insemination of Apis mellifera queens. Journal of Apicultural research.
Takaki, J, I. 2005. Taxonomy and phylogeny of the Genus Apis. Honeybee Science 26(4), Tamagawa Univ.
Usami E. et al. 2004. Assessment of antioxidant activity of natural compound by water and liquid soluble antioxidant factor. The pharmaceutical soc. Japan.
USDA. Instrumental insemination of green bees. ARS/USDA. Agriculture Handbook, No 390.
Vincent 등. 2013. Closs book. Vol (I) Standard methods for *A. mellifera* research. IBRA.
Von Frisch, K. 1993. The dance language and orientation of bees. Harvard Univ. Press.
Winston, M. L. 1987. The biology of the honeybee. Harvard Univ.

Index

꿀벌과 양봉

1판 1쇄 발행 2018년 4월 5일
3쇄 발행 2021년 2월 5일

저자 장영덕 · 정헌관 · 이창수 · 박상구
발행인 김중영
발행처 오성출판사
주소 서울시 영등포구 양산로 178-1
전화 02)2635-5667~8
팩스 02)835-5550
등록 1973년 3월 2일 제13-27호
ISBN 978-89-7336-788-7 93520

정가 22,000원

www.osungbook.com